貼身親密

120 個

女生內衣

的秘密

于曉丹 著

非凡出版

內衣，是女生最貼身、

最親密的夥伴。

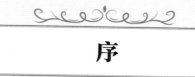

序

為甚麼要寫這本書？

「市場上的內衣琳琅滿目，我要從哪裏入手才能建立起一個完美的內衣櫥？」這是很多朋友問我的問題。當然，還有更多更細的問題，比如：

文胸的棉墊太厚，胸部一看就很假怎麼辦？

買集中型的文胸，胸是更挺了，可肥肉也被擠出來了，怎麼辦？

總是被鋼圈勒出一道深深的紅印，看着就痛，該怎麼辦？

每次穿運動文胸，脖子都要抽筋了怎麼辦？

找到喜歡、穿起來既輕鬆又舒服的文胸真的很困難嗎？

……

上面的很多問題都集中在文胸上。

其實，除了文胸，內衣包括的種類還有很多。

經常遇到一些女性朋友這樣向我提問：「我的內衣怎麼那麼不合適，你能不能……」根據她們的語境，我可以立刻明白她們說的內衣其實只是「文胸」。事實上，籠統地把文胸叫做「內衣」的人不在少數，這裏面既包括普通消費者，也包括內衣銷售員、時尚雜誌編輯，甚至我們內衣工作者。

　　也許是做了多年內衣設計師的緣故，我特別不能容忍有人把文胸叫做內衣，幾乎得了強迫症，遇上誰這麼說都想糾正。二〇一六年我在網上開了一個專欄，有位提問者對於我的執着很是不滿。這讓我想起十九世紀末美國華納醫生的經歷。他當年為糾正女性穿過於勒束的束胸衣，一邊行醫，一邊做巡迴演講。可無論他怎麼講，女性也不願放棄這些傷害身體的束胸衣，於是他乾脆自己設計了一款「健康胸衣」，並改行成立內衣公司，即後來美國最大的內衣公司華爾納集團（Warnaco Group）的前身。

　　我沒有華納醫生的魄力和勇氣，只能一遍一遍地提倡「欲立其身，先正其名」，只有先把概念搞清楚才能更好地談論「內衣」這個話題。

　　「內衣」一詞，工業領域常用的英文是 "Intimate Apparel"，實際包括七種類型或至少五種，文胸和內褲只是其中的兩種，其他還有睡衣、家居服等。

　　這五或七種類型也可以簡化為兩種：一種叫「日內衣」，另一種叫「夜內衣」。這兩種足以概括內衣的全部種類，說法簡單、易懂，女性朋友們也比較容易接受和理解。

　　所謂日內衣（Daywear），是指白天穿在外衣下的內衣。包括文胸、內褲、調整型內衣、日內衣背心等，襪類也可以歸入日內衣。

　　所謂夜內衣（Nightwear），則是在以臥室為中心環境的非公共場所的穿着。比如家裏既有公共區域也有私密環境，像客廳就是公共的，而臥室則是私密的。又比如在學生宿舍等起居處穿着的衣服等。包括睡衣和家居服。

　　羞於談論內衣的並非只有東方人，西方社會也曾有過尷尬於

公開場合談論內衣的歷史。羞於談論，不外乎因為內衣與性有關。二十世紀五十年代，一位名叫弗雷·德里克的美國人第一次在全國發行的男性和女性雜誌上做內衣廣告，他借用香奈兒的那句名言——「時尚可以消逝，但風格永存」，打出了這樣一句內衣廣告——「時尚在變，但性永不過時」（Sex never goes out of fashion）。

「性」這個詞在當時還是說不得的話題，這句廣告語被很多人視為有傷風化。不過它也從此破了大忌，在那之後，談論女性內衣話題變成一件愈來愈酷的事情，誰敢談論誰就被認為很有個性。

說起來，內衣講究合身以體現女性曲線美，這也是在二十世紀五十年代才開始有的概念。雖然生產商已經開始生產合身內衣，但是女性並非一下子就接受了要選擇「合身內衣」的概念。說來也許你不信，直到二十世紀九十年代中期，女性才普遍具有了買「合身內衣」這一意識。換句話說，我們的祖母可能一輩子都沒穿戴過完全合身的文胸或者內褲。

內衣發展出今天這幾個明確的種類，經歷了漫長且複雜的過程。從燈籠開襠麻內褲到緊身彈力比堅尼，從連體加吊襪帶的束腹衣到只遮蓋胸脯兩個小點的三角軟杯文胸，這近百年來走過的每一步都充滿艱辛。

我們一直說，一部內衣的發展史其實就是女性解放自己、尊重自己的歷史。所以，今天我們在談論文胸時，如果能坦率地使用「文胸」這個詞，其意義肯定大於是否使用了一個準確的詞。

現在，就讓我們開始了解內衣吧！

目錄

CHAPTER

1

了解與選購

關於文胸

關於內褲

關於睡衣與家居服

關於調整型內衣

關於運動內衣

關於特殊時期的內衣

關於他的內衣

CHAPTER

2

穿戴

關於清洗

關於收納存放

CHAPTER

4

身體護理

了解與選購

關於文胸

Q1

文胸有哪些種類？

　　穿戴文胸不僅能美化女性曲線，而且對健康也有好處。可如果使用不當，卻會對女性的胸部造成傷害，因此，科學地選戴文胸至關重要。然而，自從文胸進入黃金時代以後，女人們選購文胸就成了一件既快樂又煩惱的事。快樂是市場豐富，可選擇的範圍大了；煩惱則是市場過於豐富，不免眼花繚亂。而且，雖然有胸型分類，但女性的胸脯仍然太多樣化，再複雜的分類也不足以概括所有胸型。那麼，如何才能找到適合自己的那一件呢？

　　年齡、胸部輪廓、季節、社會身分等都可能是影響我們選擇文胸的因素。讓我們先從這裏開始了解吧！

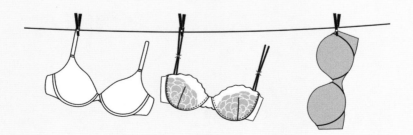

　　市場上的文胸款式實在是太多了，這些不同款式很難按照某一種規律歸納入某種類型，即使勉強做出分類，仍是你中有我，我中有你，要想做出十分清晰的分類極為困難。

　　針對極其豐富、複雜的女性胸脯特徵，歐美內衣市場做了一個簡便的區域劃分：普通尺碼（Regular Size）和大尺碼（Plus Size）。

　　普通尺碼是指 32AA 罩杯至 36C 罩杯，即國際尺碼 80A~90D。

　　大尺碼是指 D 罩杯及以上，或 38C 罩杯起，目前到 42J 為止，即國際尺碼 90DD 及以上。

　　現在有一些品牌或內衣公司專做大尺碼文胸，但是做普通尺碼文胸的品牌或公司仍然佔多數。

按照面料分類：

質地平滑的面料

　　比如真絲面料，包括彈性緞和無彈性真絲等；普通的微纖維面料，其中有提花或無提花圖案；更為普遍的針織棉面料，其中有帶紋路的，也有無任何紋路的。

　　相對來講，平滑面料製作的文胸更為實用，它不僅適於任何

季節，而且在任何面料的外衣下，即使穿着相當輕薄的真絲或相當緊身的彈性針織面料外衣，這一類面料的文胸也很容易給人安全感。特別是天氣炎熱時，一件襯墊不太厚的針織棉質文胸是最佳選擇，會讓人感覺涼爽而舒服。

　　在我看來，這一類文胸應該是每個女人內衣櫥裏的必備品，可以每日穿戴。但顯然，安全感可能並不是每個女人都需要的，更不是她們追求的終極目標。偶爾改變一下風格，還可以轉換心情，這個時候，就需要第二類面料的文胸了。

質地不平滑的時尚面料

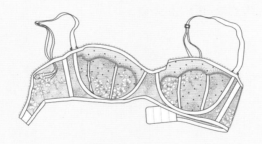

　　如全蕾絲面料、鏤空繡花面料、花絲絨面料等。

　　胸脯是女性最美麗的身體部位，也是最容易被男性注意到的女性特徵，對它的愛當然應該表現得更開放、更豐富。況且文胸發展到今天，早已不僅僅是出於衛生和保護的目的了，讓女人內心感覺更美好反而更為重要。時尚面料的文胸能充分滿足女人的這種心情，因為它們更美觀、更性感，即使穿在被人看不見的「裏面」，也能讓女性時刻感受到「為悅己容」的滿足感。當然，取悅男性並不是最終目的，但客觀上，它們的確更容易引起男性的注意和欣賞。

非面料類

如矽膠文胸，現在愈來愈多人需要和喜歡。

按照罩杯形狀分類：

文胸罩杯款式多種多樣，到底甚麼是「半罩杯」，甚麼是「全罩杯」，我該如何分清？又怎麼知道究竟哪一款適合我呢？這恐怕是很多女性的煩惱。

其實，罩杯有形狀區分的多為有鋼圈文胸。而因為有鋼圈的限制，罩杯不外乎下面五種形狀。我們只要對這五種罩杯結構有了基本的了解，再選擇適合自己的那一款就會容易很多。

全罩杯（即 4/4 罩杯）

真正的全罩杯整體呈球狀，可將乳房全部包裹在內，能罩全乳房的上半部分。這一種杯型最適合罩杯大或乳房大卻扁平、偏軟、外擴以及有副乳的女性，也更適合追求穿戴穩固性的女性。

全罩杯從結構上看，有以下幾個特點：

1. 罩杯結構上通常有橫向杯骨，上碗與下碗的高度幾乎相等；

2. 雞心和側比位的鋼圈較長（如上圖粗啡線所示）；

3. 罩杯外形通常為高雞心位（在所有罩杯裏是最高的）、高側
   比位（側比鋼圈長的結果）、加高夾彎位以及大 U 形後背；

4. 肩帶靠近罩杯的中間，高度從胸部的頂端開始，是肩帶開始
   位最高的一款。

在這款全罩杯的基礎上，使用相同鋼圈但改變領口形狀，就
可以變為部分全罩杯款。比如，降低杯口，肩帶位置隨之改變，
往外、往低挪動。（下圖）

又或者抹去罩杯上端的三角尖角，將罩杯降低成圓線形，隨
之可以把肩帶去掉，變成一款無肩帶調整型文胸。其雞心位置與
全罩杯一樣不變，但領口調整後更像「方形」，肩帶往外挪或完
全去掉。（下圖）

3/4 罩杯

　　通常被稱為 "Balconette"，最常見的特點是領口呈心形，更多地暴露乳房上半部，有 1/4 乳房外露。3/4 罩杯是現有罩杯形狀裏聚攏效果最好的。如果你想要明顯的乳溝，這款罩杯肯定是首選。適合穿在低領或方領的外衣下。

　　3/4 罩杯的結構有以下特點：

1. 雞心位較低，低於側比位；有不同的雞心高度，但通常在全罩杯與 V 罩杯之間，比全罩杯低，比 V 罩杯高；
2. 通常罩杯有上碗和下碗兩部分，上碗部分比下碗部分小；下碗部分通常再分兩到三塊，與上碗部分的杯骨線方向相反，同時有橫向和豎向杯骨（下圖）。通常杯骨愈多，愈能貼合人體曲線，領口也就會愈貼服；
3. 如果肩帶連接到罩杯的下碗部分，內插棉倒立或斜放，受力點就落在肩帶上，能給予胸脯最大的承托。

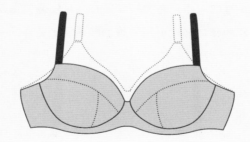

半罩杯（即 1/2 罩杯）

　　通常被稱為 "Demi"，Demi 的意思是「部分」或「一半」，即罩杯包容乳房乳頭以下的一半（包括乳頭），露出乳頭以上的部分。

　　半罩杯通常罩杯口開位較低，領口呈方形，因此會造成乳溝效果，特別適合乳房嬌小及兩胸之間距離較大的女性。半罩杯文胸雖然有一定的寬側比側收設計，但沒有夾彎位，因此不適合胸形外擴、腋下有副乳或贅肉的女性穿戴。

　　半罩杯的典型特點如下：

1. 通常雞心部位的鋼圈與側比位的鋼圈高度相同，且雞心位比 3/4 罩杯低；

2. 通常有豎向杯骨，如果是大罩杯，會有兩條豎向杯骨；有時也可能是一條橫向，或一條橫向加一條豎向杯骨（下圖）。只有一條橫向杯骨時，上碗比下碗小，雞心位更低。

　　從製版角度講，使用豎向杯骨是有因為能夠更容易製造出一個更低、更開的領口形狀，同時讓下碗更淺，這樣就可以把乳房推高。

1/4 罩杯

罩杯低於乳頭。有時被誤稱為半罩杯，實際比半罩杯還要低。

V 罩杯

V 罩杯文胸與全罩杯很像，但它在兩個罩杯間做出一個明顯的 V 形領口，是製造乳溝最好的款式。

V 罩杯的結構特點如下：

1. 杯口通常呈斜線，是所有罩杯裏鋼圈最短的一個款式；
2. 雞心位很低，尤其如果是聚攏型文胸，可能只有一根底圍橡筋的寬度；
3. 如果是背心式文胸或三角軟杯文胸，通常沒有雞心位；
4. 罩杯有兩條或一條杯骨。有兩條杯骨時，通常是一條斜向杯骨與一條豎向杯骨（下圖）。只有一條杯骨的話，通常是豎向的。

　　總之，罩杯形狀的不同，其實是造成了領口形狀的不同。因此，要分清鋼圈文胸的罩杯形狀，我們只要看看下面這張領口對比圖就一目了然了。

　　左側由後至前依次為全罩杯、部分全罩杯、3/4 罩杯、1/2 罩杯。右側從後往前依次為全罩杯、∨ 罩杯。

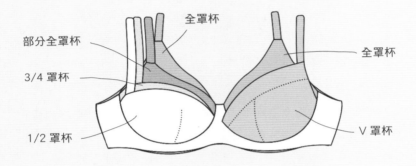

按照功能分類：

　　實用型：着重吸汗、保護、衛生等基本功能。

　　品味型：偏向流行、個性、設計等。

　　功能型：輔助修飾身材某處特定的小缺點。

　　調整型：強調曲線雕塑，需長時間穿着來達到改變身材的目的。

Q2

鋼圈真的能承托乳房，防止它們下垂嗎？

自從鋼圈出現，類似這樣的疑問就沒有停止過，而且觀點還經常正反相對。有人會問：鋼圈真的能承托乳房，防止它們下垂嗎？也有人問：長期穿戴無鋼圈文胸會讓乳房的邊線模糊嗎？實際上，針對這兩個問題，至今尚無科學而明確的答案。

曾有位運動醫生對一組自願不戴文胸的女性進行了多年的跟蹤調查，他得出的結論是，這些女性的胸並沒有下垂，反而比戴文胸的對照組還更堅挺一點。

除了鋼圈能否防止乳房下垂的爭論之外，另一個最常見的爭論就是鋼圈對健康是否有害，是否引發乳腺癌的罪魁禍首。一九九〇年，美國《醫學日報》曾發表一篇題為〈消滅鋼圈〉的文章，文章指出鋼圈長期壓迫乳腺，阻礙淋巴液流通，從而導致了各種各樣的乳房疾病。後來這一觀點影響甚廣，從醫學界到女性圈子，大家似乎都認同「鋼圈有害健康」這一觀點，給女性造成了很大的心理負擔。

可事實真的如此嗎？二〇一三年於《心理腫瘤學雜誌》上發表〈胸脯高聳〉一文的作者格羅斯先生認為，這完全是無稽之談，因為至今沒有一項有力證據可以證明乳房疾病與文胸直接相關，無論是因為穿戴文胸還是不穿戴文胸。可是要說鋼圈能改善下垂狀況，格羅斯先生也並不認同。在他看來，乳房的體積、重量和人體的其他特徵一樣，是形態演化的結果。也就是說，下垂與否是女性天然身體條件決定的。否則，我們怎麼解釋為甚麼有乳房

扁平的二十歲女性，也有乳房仍豐滿堅挺的六十歲老太太呢？簡言之，格羅斯先生不認為鋼圈能起任何作用，無論是好作用，還是壞作用。

其實很多文胸專家都曾提到過一點：感覺乳腺受壓迫並不是因為穿戴有鋼圈的文胸，而是因為穿了鋼圈不合適的文胸。可事實上，真正對這個問題加以關注的女性並不多，大多數女性在穿戴文胸上都存有誤解。

女性要根據自己的年齡和胸部發育階段，而選擇是否穿戴有鋼圈的文胸。如果是正在發育的年輕女孩，乳腺不能受到過多壓迫，就應該選擇無鋼圈或軟鋼圈的文胸；但是要根據胸部的發育情況及時更換文胸，發育到一定程度之後就應換上有鋼圈的文胸，以防止胸部下垂的情形出現。如果是已經發育成熟而身材仍十分嬌小的女性，因為對於承托的要求沒有豐滿的女性那麼高，可以多選無鋼圈或軟鋼圈文胸。

這裏要糾正一個選擇誤解：不是穿有鋼圈的文胸就會壓迫乳腺，大部分是因為穿錯才壓迫。

Q3

常見的無鋼圈文胸有哪些？

矽膠文胸（Nude Bra）

矽膠文胸通常無後背、無肩帶，只有兩個由矽膠製成的罩杯，罩杯內塗有醫用級別的黏膠，可以直接貼在乳房上。

我們大概都有過這樣的經歷：今天想穿某一款露背裝或抹胸裙，可試遍了所有的文胸都不合適，不是露出了不該露的肩帶，就是露出了背鈎……這個時候，矽膠文胸就是最佳的解決方案。每位女性都需要為自己備上一副矽膠文胸，因為它能在你想要充分展現性感時，給乳房最好的支撐和保護。

造型式文胸

也稱為「魔杯式文胸」。用一體式熱壓模杯製作的文胸，具有突出和確定胸部輪廓的功能。由於模杯通常用海綿或填充纖維製作而成，有一定厚度，故絕對不會出現露點情況。

此款文胸會使胸形看上去絕對圓滑和對稱，因此特別適合兩胸不對稱的胸形。但它並不會讓胸部看上去更大。

無縫式文胸

又稱「一片圍」。半無縫式，又稱「半片圍」。

所謂「一片圍」，就是除去肩帶以外，罩杯、圍度、背鈎等完全是一體成型，無拼接縫。罩杯通過所謂的「子彈頭」沖模技術高溫定型，呈現 3D 立體效果，讓胸部自然豐滿盈潤。罩杯厚度可控，通常在 1.5 厘米左右，上薄下厚。肩帶較寬。

所謂「半片圍」，就是在側比有接縫，圍度一體成型。這款文胸特別適合搭配 T 恤，或布料較為柔軟光滑（如絲綢）的外衣，或緊身的彈性針織外衣。

抹胸

又稱「一字文胸」或「裹胸」。抹胸是最簡單的文胸款式，用一塊布圍在胸部而成。這種文胸幾乎沒有支撐力，因此只適合小胸女性。

胸衣

通常是用蕾絲製作的無鋼圈、無胸墊的整體舒適胸衣，集運動、休閒與時髦元素於一身，既可以內穿，也可外穿出街。

胸衣沒有塑形、支撐的功能，所以更受擁有小巧、堅挺胸形的年輕女性歡迎。不過也正因為它不能製造集中、深 V、高聳等效果，呈現的是自然狀態，所以深受崇尚天然的時髦女性的追捧，因此經常被套在外衣下外穿出街，或內搭在比較寬鬆、隨意的外衣或睡衣下暴露出來。

胸衣常見三角軟杯設計。內穿的三角軟杯現在大多配有小插片，可以根據自己的需要裝卸以避免凸點。如無插片口袋設計，就需要佩戴乳貼。

Q4

選擇鋼圈文胸時，底圍和罩杯總有一個不合適，該如何解決？

這種底圍和罩杯總有一個不合適的情況分為很多種。

鋼圈部位的底圍合適，罩杯卻總是過小；如果選擇合適的罩杯，底圍又會過大。

這種情況通常出現在乳房 D 罩杯或以上的女性身上。這種胸形通常被稱為「球形胸型」，胸圍從底部到乳頭處不是像其他胸形那樣愈來愈小，而是愈來愈大，甚至溢伸到身體軀幹以外。

形成這種胸形的原因很多，長期穿着不合適的文胸可能是主因。比如，文胸品質差，沒有足夠的支撐；經常不穿文胸；體重長期頻繁增減；常年穿戴錯誤尺碼的文胸等。當然，也有天生如此的胸形，比如發育過快或過於成熟的年輕女性。

文胸款式推薦：

1. 最好的選擇是裁剪縫製一體化的文胸。這類文胸通常是立體剪裁，完全按照胸部曲線拼縫製作而成，能形成非常貼合胸部線條的圓弧形。罩杯可以由兩塊或多塊布料組成。通常接縫愈多，支撐力度愈好。

2. 選擇罩杯使用非彈性布料的文胸，能更有效地支撐乳房，使其不會輕易晃動。

3. 選擇帶有側翼膠骨的文胸，這個膠骨可以對乳房起到一定的固定作用，使乳房保持在身體前方和中間，而不是向身體外側溢出。

4. 全罩杯當然是極其必要的選擇。

5. 深 V 型文胸也是一個不錯的選擇。

6. 不要選擇輪廓式模杯文胸，除非模杯是由大尺碼文胸專製公司出品的。一般的模杯是不可能給這種胸形足夠的支撐，也不可能合身。

鋼圈總是顯得過寬，老往下滑。

那是因為你的胸形是我們常說的「薄胸型」。C 罩杯以下的小尺碼胸常見此類胸型。

通常這種胸形乳房下圍較小，兩個乳房之間距離較大。這種胸形還會經常遇到乳房不能把整個罩杯撐滿的情況。

文胸款式推薦：

1. 不建議選擇一般的鋼圈文胸，它們不可能合身，而且鋼圈的位置不合適還有可能傷害到你的胸骨。

2. 軟杯文胸（沒有鋼圈）會比較舒服，但無法體現出比較優美的胸線。罩杯可能撐不滿，可用活動胸墊彌補。

3. 推高式文胸比較好，能讓胸形顯得豐滿。

4. 在底部和罩杯外側帶胸墊的推高式文胸最為合適。

5. 在罩杯底部使用活動式襯墊，會讓你的胸形更為豐滿。

6. 由較硬的模杯製作而成的輪廓式文胸也是一個不錯的選擇，能讓你的胸形看上去更圓滿一些，也可以掩蓋乳房不能撐滿整個罩杯的缺陷。

7. 深 V 型文胸也可選擇，但要選擇中間鋼圈位置較低的款式。

文胸底托很合適，罩杯卻不能被撐滿。

　　這種情況經常出現在胸形較小的人身上。胸部底圍足夠圓潤，可是胸很小，這樣的胸形被稱為「錐體胸型」，近似雪糕筒的形狀。市面上的文胸一般是按比例進行設計的，對於這樣的胸形來說，通常選擇合適的底圍後，罩杯就會太大，出現空杯現象。

文胸款式推薦：

1. 輪廓式模杯文胸是這種胸形最好的選擇。左右罩杯之間的連接部分較高，罩杯底部如果有加厚則更好。
2. 可以在罩杯的底部放入活動式小棉墊以襯出胸線，填滿罩杯。
3. 底部加厚的推高式文胸可以從底部和兩側往上推擠乳房，使胸部看上去更豐滿，還有可能造成乳溝。A 罩杯或 B 罩杯的小胸可以選擇底部加厚的推高式文胸。
4. C 罩杯或更大罩杯，應選擇「輪廓減小式文胸」，它會讓你的胸部看上去更圓滿，但又不會過於豐滿。
5. 最好不要選擇軟杯或沒有任何結構支撐的文胸。它們沒有塑形功能，會讓你的胸線毫無魅力。

Q5

有哪些特殊的功能性文胸？

運動式文胸

運動文胸不僅僅是比普通文胸增加了支撐力，而是在女性運動時，尤其是做前躍或跳躍動作時，對胸部韌帶和軟組織加以保護。

運動文胸的設計原理是盡可能固定住兩個乳房減小其晃動幅度，減小女性運動時的痛苦和煩惱。

隨着人們運動意識的提高，運動已經成為女性日常生活中十分重要的事情，運動文胸也成為女性內衣中十分重要的一個類別。

T 恤式文胸

T 恤式文胸剪裁與半罩杯或全罩杯一樣，通常使用平滑面料或無縫模杯。線條簡潔流暢，穿在 T 恤下不會露出文胸痕跡。

T 恤式文胸是搭配在針織衫（包括 T 恤、輕軟的毛衣）和緊身衣裙下最理想的文胸款式。

孕婦文胸

孕婦文胸的設計具有較強伸展性，以適應女性在懷孕期間胸部尺碼的不斷變大。

哺乳文胸

哺乳文胸的設計是為方便產婦授乳，讓嬰兒更容易接觸到母

親的乳頭。傳統上，哺乳文胸上有一塊可以從上端揭開的布，翻下來就可以露出乳頭，方便授乳。

輪廓減小式文胸

特別為 34C 罩杯以上的胸部豐滿女性設計，通過壓平、均攤乳房纖維等方法，可達到視覺上減少一至兩個罩杯尺碼的效果，讓胸部不會顯得過於豐滿。而且這種文胸普遍更為舒適。

Q6

你喜歡多厚的胸墊？有墊還是無墊的？

走進內衣店，常常看到的文胸大約只有兩種風格：一種是上面附着大量刺繡的厚模杯或厚棉墊款；一種是老氣橫秋的調整型。無論哪一種，其實都是為了讓胸部看上去更大、更挺，以擠出「事業線」為目的。

可這是你希望的嗎？

海綿模杯是從西方來的，最初面世時的確引得無數女性為之着迷，又被稱為「魔杯」。不過，這樣的厚杯或厚墊文胸在今天的歐美內衣市場早已不是主角。隨着女性自我意識的提高，不要說厚模杯，就是厚海綿墊也開始因為效果虛假而遭到她們的厭棄。它們開始變薄，從全罩杯加厚模杯變成只有罩杯下半部分加厚；形狀和大小也發生變化。如果原先的罩杯是棉墊設計，一定會佔滿整個罩杯，現在即使是全罩杯設計，胸墊也可以只佔罩杯的一半，甚至更少。我甚至看過只佔三分之一罩杯的杯墊設計。歐美

市場意識到，或者希望消費者意識到，胸墊其實只要能夠遮點就足夠了。

　　其實如果問現在的女生：「你喜歡多厚的胸墊？」恐怕有不少人的回答會是：「薄薄的一層就好。」

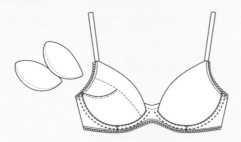

　　太厚的胸墊除了能塑造「波濤洶湧」的效果以外，跟薄杯比，對胸部的保護並沒有甚麼特別作用，只會讓我們感覺虛假而不安。可是如果罩杯完全沒有棉墊，只是薄薄的兩層布，我們又會有凸點的擔心。所以，不超過 1 厘米厚的棉墊我覺得恰到好處。希望我們的市場可以有更多這樣的設計以滿足女性的需求。說到底，內衣市場終究是為女性服務的。

　　文胸的海綿是通過壓模成型的。一般有三層材質，最外面上下兩層貼布，中間通常是聚氨酯海綿，也是常說的普通海綿。處理時會加一些抗黃棉，防止海綿發黃。海綿的厚度可以按照設計師的要求製作。品質好的海綿具有良好的透氣性，吸汗能力強。前兩年直立棉也曾風靡過，但直立棉與聚氨酯海綿究竟哪個更好，一直存在爭議。

　　最外面的上下兩層貼布，通常是用全滌 75D 佳積布；要想手感再細膩柔軟一些，則用 50D 佳積布。品質再高的，則用全棉或 T/C 滌棉布。

　　不過，到底是要穿有墊還是無墊的文胸，純屬個人喜好。在過去十至二十年，大部分女性比較追求聚攏、高挺的效果，所以市場上絕大多數文胸都是帶有棉墊的，而且是比較厚的棉墊。而現在，特別是最近一兩年，棉墊的厚薄出現了更多的選擇。有熱壓一體模杯、子彈頭沖棉墊和車縫棉墊等，每一種的厚薄都有不同。有整個罩杯同一厚度的，也有底部半杯加厚的，而棉墊的厚度的選擇則更自由了。

　　棉墊厚薄的變化，也反映了女性對待自己身體的態度變化。如果你的乳房有一大一小的現象，那選擇一體模杯是最合適的。如果希望自己的胸看上去更大，那選擇有聚攏效果的厚墊文胸也無可厚非。可如果你希望自己的胸部既受到足夠的保護，又能保持自然的狀態，那麼 1 厘米厚的車縫棉墊就是非常好的選擇。

Q7

甚麼是軟杯文胸？適合甚麼胸形的人？

　　所謂軟杯文胸，就是沒有鋼圈、沒有海綿墊，通常只有薄薄兩層布料的三角杯文胸。外形和比堅尼泳衣的上衣很像。

　　這種文胸因為罩杯柔軟、對胸部沒有束縛，會讓穿着者感到放鬆自在。不過也正因為只有薄薄兩層布料以及對胸部的束縛和支撐不夠，所以它更適合罩杯 34C/36B 以下、乳房小而堅挺的女性。比這個尺碼大的胸形，乳房就很難被三角杯承托住，因此不建議購買、穿戴。

Q8

胸型是怎樣分類的？

　　市場上標準化的文胸結構設計，會針對不同胸形設計製作不同的款式。就是說，某些款式肯定更適合某種胸形，某些胸形不適合穿某種類型的文胸。我經常聽到身邊女性朋友抱怨自己遇到的問題，這些問題也是其他女性經常遇到的，究其原因就是她們穿上了不合適的文胸。所以，了解自己的胸形是找到對應文胸款式的第一步。

嬌小胸型

　　嬌小的胸部，最容易用文胸來進行彌補。對於胸部嬌小的女性而言，下厚上薄的 3/4 罩杯文胸能集中托高胸部，塑造豐滿、自然的胸部曲線。但如果胸部尤為平坦，那全罩杯則是最佳選擇，全罩杯的密合度較佳，彎腰時不易發生空罩杯的情況。

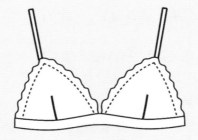

　　另外，小胸女性也不要因為胸部小而選擇過緊的文胸，略大一點的文胸才能讓胸部血液順暢流通，並且給予它朝合適的位置發展的空間。如果你希望胸部顯得更豐滿，應首選輪廓式模杯文

胸；如果你不在意大小，可以選擇三角軟杯文胸，當然最好配一副活動式棉墊。

豐滿胸型

C罩杯以上便屬豐滿胸型，豐滿胸型要保持挺實、不下垂、不外擴，選對文胸是關鍵。身材豐滿的女性宜選擇輕薄的絲質面料文胸，最好不要選有棉墊的文胸，V罩杯和3/4、4/4型都比較適合此類胸型。另外，寬肩帶加鋼圈，也能更好地支撐胸部的重量。

下垂胸型

胸部下垂的女性，應該選擇無彈性全罩杯以加強胸部支撐，肩帶與後背帶也需選擇較寬的款式，並盡量使用鋼圈和側部有加強功能的文胸，使之加強襯托，由下往上地支撐，才能將下垂的胸部承托起來。

乳房有副乳型

有副乳的女性應該正確選擇聚攏、軟性布料加強文胸，從而達到胸部向內聚攏的效果。後背扣與前肩要相配合，並盡量穿戴帶有固定型鋼圈功能的文胸。整個文胸應全部托起胸部並包裹住乳房，這樣才能支撐、聚攏、調整副乳。

Q9

應該在甚麼時候購買人生中第一件文胸？

生活中，不少人認為到了十六歲或者乳房隆起就應及時穿戴文胸，但這並不科學。

事實上，不管你多少歲，只要看到自己的乳房開始隆起，就應該拿起軟尺從乳房的上底部經過乳頭到乳房的下底部進行測量。如果測量出的數字大於 16 厘米，那你就應該穿戴文胸。如果年齡大於十六歲而測量結果還是小於 16 厘米，則仍然不宜穿戴文胸。因為過早穿戴文胸不僅對正處於發育隆起的乳房不利，而且還有可能影響以後的乳汁分泌。

也就是說，何時購買人生中第一件文胸，不是根據年齡，而是根據乳房發育的速度和大小來決定的。而乳房的發育受遺傳、營養、運動等各種因素的影響，每個人的狀況都會有所不同，因此需要科學的認識，並對自己的身體保持敏感。

　　一般而言，大多數女孩成長到十六至十八歲時，胸部輪廓和乳房的發育會接近成熟，所以，這也是我們通常提倡的開始穿戴文胸的年齡。

　　但有一部分人會覺得：「雖然我的乳房已經發育成熟，可我不想穿文胸。」可是這樣好嗎？

　　當然不好。乳房在充分發育後就需要加以保護，否則日常行走、運動和勞動等都有可能使乳房因過度晃動而造成傷害。乳房是人體少有的沒有肌肉的器官，胸部韌帶一旦受傷不僅無法修復，而且也無法通過任何方法再得到加強。

　　所以，及時穿戴文胸是保護乳房最簡便的方法。

　　除了減少傷害，文胸還可以托起並支撐乳房，使其血液循環流通，有助於乳房的進一步發育。

Q10
第一次購買文胸時，應該做些甚麼準備？

首先要學會測量自己的胸圍尺碼

測量上胸圍
上身前傾 45°；
軟尺繞過乳點一周，得出上胸圍尺碼。
測量下胸圍
身體直立，軟尺貼近乳根；
水平環繞一周，得出下胸圍尺碼。

了解計算罩杯尺碼的公式

罩杯尺碼　=　上胸圍－下胸圍

上下差若在 10 厘米左右為 A 罩杯，

在 12.5 厘米左右為 B 罩杯，

在 15 厘米左右為 C 罩杯，

在 17.5 厘米左右為 D 罩杯，

在 20 厘米左右為 E 罩杯，

在 22.5 厘米左右為 F 罩杯，如此類推。

　　有了這個公式以後，就能輕鬆得出自己比較確切的罩杯尺碼了。

　　如果你的下胸圍是 75 厘米，罩杯為 B，對應的文胸尺碼就是 75B。

Q11

如何看懂文胸的尺碼？

　　如上所述，罩杯尺碼通常由一個阿拉伯數字和一個字母組成。這兩個資料看似簡單，但對女性朋友而言是選擇文胸十分重要的依據，需要牢牢記住。

用阿拉伯數字表示的底圍尺碼永遠不變

　　也就是説，一旦找到最適合你、讓你感覺最舒服的底圍數字，比如 75 或 80，那麼你看中任何品牌的任何款式，你都可以自信地選擇那個數位。因為對於任何款式來説，無論罩杯如何變化，底圍的長度都是不變的。舉例來説，75B 的底圍長度與 75C 或 75D 的底圍長度沒有任何不同（如下圖）。

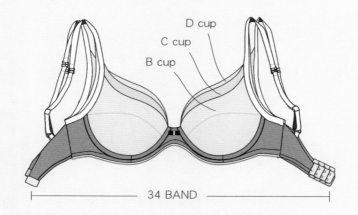

D cup
C cup
B cup
—— 34 BAND ——

罩杯隨底圍尺碼變化而變化

　　文胸罩杯的容積因為底圍增加而增加，比如同樣都是 B 罩杯，70B<75B<80B。看上去似乎變化的只是底圍尺碼，實際上罩杯容積也發生了變化。因此，如果文胸底圍尺碼發生了變化，你就需要調整你的罩杯尺碼（如下圖）。

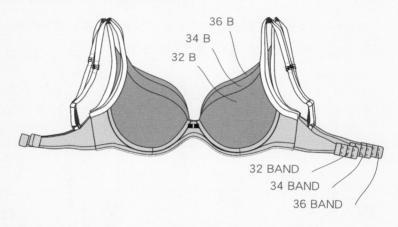

36 B
34 B
32 B

32 BAND
34 BAND
36 BAND

　　不過，請永遠記住一個終極原則：合適才是一切！

Q12

有關文胸結構的名詞有哪些？

　　了解這些名詞，對了解複雜的文胸結構很有幫助，我們在實體店選購時能更容易與店員溝通，特別是在電商平台上選購時會更容易理解款式描述，有助我們選購合適的文胸。

　　有關文胸結構的名詞實在很多，如果不是專業設計師或生產人員，就沒必要全部知道，只須掌握下面這幾個名詞的概念即可：

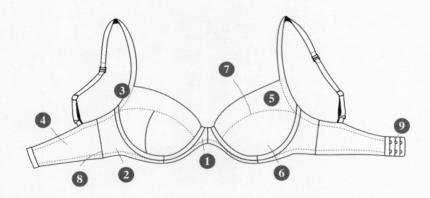

❶ **雞心**：又稱心位、前中位。

❷ **側比**：又稱側翼，是後比與罩杯之間的連接結構部分。

❸ **夾彎**：又稱比彎，是罩杯靠近手臂的位置，起到固定、支撐和包容副乳的作用。

❹ **後比**：又稱後翼或後拉片。

❺ **上托**：又稱上碗，是罩杯的上半部分，通常是一整片。

❻ **下托**：又稱下碗，是罩杯的下半部分，有一片、兩片或多片之分。

❼ **杯骨**：連接上托和下托的那條線。

❽ **膠骨**：連接後比與側比的結構。通常是細窄條的塑膠製品，有一定韌性，可以支撐側比，使其不起皺、不變形。

❾ **背扣**：又稱鉤扣，可以調節下底圍的長短。

Q13

買文胸一定要試穿嗎？

當文胸只有實體店單一銷售方式時，試穿曾是自然而然的事，沒有人對此有所懷疑。

市場上的文胸款式很多，又有很多不同的品牌生產商，即使是同一個尺碼，不同款式、不同品牌也會有所差別，做不到只要尺碼一樣就全都合適。而且你自己的身體也在不斷變化中，以前尺碼合適的文胸很有可能過一段時間就變得不合適了。因此當你在實體店裏購買文胸時，一定要試穿！試穿除了要試你平時穿的尺碼，最好再多試幾個與其相近的兩個尺碼，這樣才能知道到底哪一個最適合自己。

如果不知道自己的尺碼，可以在買內衣的時候讓店員幫你測量一下。

不過現在很多的內衣品牌在電商平台做生意，有些內衣品牌並沒有實體店，基本沒有試穿文胸的機會。那該怎麼辦？

首先，最好選擇能提供多種尺碼標準的內衣品牌。如果是文胸，尺碼應不只是簡單的 S、M、L，而是有更詳細的罩杯尺碼分類，比如從 70 到 85、從 AA 到 EE 等。

其次，最好選擇能提供詳細購買指南的內衣品牌。為了讓消費者不經過試穿就能買到合身的文胸，這些內衣品牌通常會下很多功夫，用資料和繪圖給出非常詳細的選購指南，你只需要依照「尺寸指南」認真測量自己的胸圍即可，一般都能買到比較合身的文胸。

Q14

兩邊胸脯大小不太一樣，正常嗎？該如何選擇文胸？

正常。這世上沒有一對乳房是一模一樣的。

也就是説，沒有兩個女人的胸部是一模一樣的。同一個女人的左右兩胸也不一樣，可能一側稍大，一側稍小，左右相差在一個罩杯尺碼之內；可能一側稍高，一側稍低；乳頭的大小也可能不同，凸出的方向亦會有細微差別。

因此，在確定了胸型之後我們還有一個工作要做，就是確定自己兩個乳房的差別有多大。

在選擇文胸時，我們應該根據較大的那個乳房的尺碼進行選擇，用其他輔助手段彌補偏小那個乳房的不合適。比如，如果乳房小的一側產生空杯現象，可以在那側罩杯裏使用活動式棉墊。兩個胸的大小差別如果是在一個罩杯尺碼內，穿模杯文胸便可以彌補缺陷；如果差別太大，就需要私人訂製合適的文胸了。

Q15

不同年齡階段的人，應該如何選擇文胸？

少女時期：應注重保護和承托。講究舒適、吸汗、輔助塑造初期胸形。通常款式有 AA 系列、背心圍等。

青年時期：應注重保護和美化。可以修飾胸部、增加美感。通常有蕾絲花邊系列、輕型收束系列。

中老年時期：注重保護和修身，通常有全杯型、中型、重型收束系列。或注重保護性和保健性，通常有無鋼圈系列和輕型收束系列。

少女時期

對於青春期的少女來說，選對文胸可以為未來的乳房發育打下重要基礎，所以萬萬不能馬虎。

這個時候選擇的文胸不能過緊，也不能過鬆。有些女孩發育比較成熟，但乳房體積較小，這類女孩常犯的錯誤就是選用很寬鬆的文胸或者乾脆不穿文胸。這樣會使乳房失去依托，雖然還不至於下垂或者變形，但為未來的發育埋下了不小的隱患。

少女還處於未完全發育的階段，日常運動量又比較大，文胸應選擇柔軟、透氣好、散濕性強的材質。

雖然棉布是公認的健康材質，但對少女並不適合。因為棉布吸濕性太強，又無法速乾，日常運動量大、出汗多的少女穿着可能會很不舒服。因此應選擇優質的彈力化纖維面料，比如錦氨、尼龍等，或這些成分含量較高的面料。

還在發育階段的少女不宜穿戴有鋼圈的文胸。

　　對少女來說，最近市場上大熱的用貼合工藝製作而成的無痕背心圍，是非常合適的款式。背心圍在胸部用一種叫「子彈頭」的模具沖出一個凸起的空間，形成可擴展的弧度空間，很適合青春期乳房快速發育變化的需要。這個凸起的空間通常有兩層，在背面有可以裝棉墊的口袋，需要時可以插入活動式棉墊，對乳頭加以保護，也防止凸點的尷尬。

青年時期

　　對這一年齡階段的女性來說，選對文胸就像選對結婚對象一樣重要。事實上，市場上大部分的文胸產品都是為這個階段的女性提供的，幾乎所有的款式都在她們的選擇範圍內，比如鋼圈、模杯、插片文胸等，她們有充分試穿、找到最適合自己那一件文胸的機會。

　　對她們來說，理想的文胸應該是在人體活動時剛好能托起乳房，能盡量限制乳房的活動而不影響呼吸，取下後皮膚上不會留有壓迫的痕跡。同時，美感在這一階段也格外重要，因為這是她們人生中最美好的年齡階段，選擇文胸盡可以大膽、前衛，給自己的身體充分展示的機會，不留遺憾。

　　因為此時女性的乳房已基本完成發育，文胸的大小以完全貼合為最佳。過小，會壓迫乳房特別是乳頭，影響呼吸，使乳房感到不適；過大，則達不到支撐、保護乳房的作用，也會嚴重影響美觀。

　　這一階段的女性大多會經歷授乳過程，有穿戴哺乳文胸的需求。如何選擇哺乳文胸，後面會特別講解。

中老年時期

這一年齡階段的女性身體普遍「發福」，大多須要穿超大尺碼的文胸。

在歐美國家，有一個專門供給大身材的文胸區域叫做 "Plus Size"，目前，大尺碼文胸在市場上所佔的份額也愈來愈大。

與普通尺碼的文胸相比，大尺碼文胸顯然更注重功能，焦點集中在「罩全（Full Coverage）」和「推高（Push Up）」上。中老年文胸市場上，可以矯正下垂的全罩杯款式居多。全罩杯式大多有鋼圈，或者底圍用較寬的橡筋，這些都是防止下垂的重要設計。大尺碼文胸最好是寬肩帶的，一般應不窄於 2~3 厘米。因為乳房有一定重量，只有足夠寬的肩帶才能給予足夠的支撐，否則很容易造成肩背疼痛。如果肩帶不夠寬，可以購買加寬的肩帶。

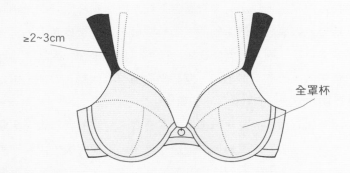

≥2~3cm

全罩杯

擁有大尺碼乳房的女性常常對文胸有更多、更高的要求，可是我們也注意到，市場上適合這部分人群的文胸跟普通尺碼比，款式少很多，美觀度也低很多。我常常聽到大罩杯女性對此事的抱怨，也常常收到私信問我為甚麼不能為她們設計更為美觀的文

胸。因為文胸設計特別受技術的影響，大尺碼的文胸在功能方面有額外要求，尤其有賴於技術方面的支持。比如，如果能出現新的彈力布料，或是更符合人體力學的模杯、鋼圈，甚至研發出功能創新的肩帶、圍帶、背鉤等，這部分設計就能創新。否則，就很難在美觀和功能並重上有所突破。

Q16

底圍只有 70，可罩杯卻是 E，應該如何選擇文胸？

底圍小，罩杯大，多出現在發育特別成熟的年輕女性身上。這種胸型需要選擇罩杯尺碼分類更為細緻、豐富的文胸款式，如果尺碼分類僅有 S、M、L 肯定不合適，一定要選按照罩杯尺碼分類的文胸，比如 A 杯從 70~90 都有，或者從 70A~70E 都有的類型。

不過，因為尺碼分類愈多就愈容易造成庫存積壓，所以一般品牌都不願意這麼做，市場上只有為數不多的一兩個品牌肯這樣冒險，這類胸型要選擇文胸有很大困難。有些人只好買來罩杯合適的文胸，然後自己改短底圍，或者私人訂製。

Q17

文胸穿上後，總是塌陷着、皺皺的，應該怎麼辦？

這種胸型的形狀很像投影效果，即有着合適的底圍，但乳房卻沒能填充整個文胸的罩杯，這種胸型叫做投影漸小型胸型。

文胸款式推薦：

1. 首先應選擇鋼圈胸圍尺碼合適的文胸，然後借用強化胸部的配件，比如活動式棉墊之類，填充罩杯裏面的空隙。
2. 選擇使用彈性布料製作的罩杯，可以根據胸形自行調整鬆緊度。
3. 選擇罩杯上端有彈性橡筋帶的文胸。
4. 輪廓減小式文胸可能是非常好的解決辦法。這種文胸的罩杯通常在設計時就會把這個問題考慮在內。

Q18

罩杯大但不想顯得太豐滿，應該如何選擇文胸？

你可以選擇模杯文胸，不會再增加胸部尺碼。也可以選擇減小胸形式的文胸，這種款式的文胸通常是將胸部推高，再分散胸部纖維組織，以便讓胸部看上去不再那麼突出。

或者選擇有運動風格的文胸，這樣也可以給肩膀和下圍更好的支撐。

Q19

明明是 A 罩杯，需要把自己穿成 C 罩杯嗎？

當然是完全不需要。

且不說市面上那些為了讓 A 罩杯或 AA 罩杯顯得更豐滿而設計的文胸有多可笑，墊那麼厚的墊有多不自然。如果我是個纖細苗條、四肢修長的人，A 罩杯對我來說，不但不減分反而是加分。它們讓我更輕盈，更飄然似仙，周圍的女性朋友們不知有多少都在羨慕我呢。

其實 A 罩杯真的有很多令人羨慕的地方。現在很多網路論壇上都有類似「平胸女人更美麗」的話題，網友們總結出了 A 罩杯的種種好處，不是「葡萄」，更不是自欺欺人。比如，跑步或跳舞時乳房不會因為晃動而疼痛；睡覺姿勢可以更加隨心所欲，趴著睡也很舒服；而最讓小胸女性開心的是，最困擾那些大胸女性的下垂煩惱，A 罩杯完全沒有。

早幾年歐美已經出現了「我是平胸我驕傲」、「平胸女聯合起來」諸如此類的互聯網群組，還有像「胸小心大」這樣命名的網站。參加這些群組的人，對市場上銷售的內衣提出的口號是「你駕馭得了我（的乳房）嗎？」而不是「我（的乳房）夠大（穿你）嗎？」

她們不再在乎女性內衣是不是能把自己的胸部襯托得更大，而是呼籲設計師們設計出更多適合自己自然身體狀態的內衣，比如三角軟杯、不帶海綿墊的單層文胸等。

其實不只歐美，在嬌小身材居多的地區也能聽到愈來愈多的「A 罩杯也不錯」的説法。胸小怎麼了，沒有乳溝怎麼了？很多

小胸女人要不是需要上班，會議室總是冷氣過量會造成「凸點」，她們不穿文胸也覺得沒甚麼，是否是 A 罩杯更無所謂。

　　這當然是勇敢前衛的觀點，尤其現在仍然有那麼多形容 A 罩杯的詞語，比如「飛機場」、「iPad」等。即使不說充滿惡意和鄙俗，也肯定不是甚麼好意。敢於接受自己的真實，認可自己的不完美，其實是更完美的美。

　　選擇穿甚麼樣的文胸，是由你對待自己乳房大小的態度決定的。

Q20

你應該有哪些顏色的文胸？

　　文胸抽屜裏，平滑面料和非平滑面料的文胸應該佔比差不多。平滑面料因為其基礎特性，以素色為主，黑、白、膚三個基本色是必備，最好也有一兩件炭灰和花灰色。同時，每個季度可增加一款流行色。

　　非平滑面料的文胸，比如蕾絲、刺繡文胸等，顏色就可以比較大膽和開放，多以流行色為主，或者完全不考慮流行顏色，選擇自己鍾愛的就好。

關於內褲

　　內褲是女性最重要的貼身衣物，因為直接跟身體最敏感的部位接觸，所以選擇一款好的內褲對女性來說，可能比選男朋友還要有挑剔精神。那麼，要怎麼挑選適合自己的內褲呢？

Q21
常見的內褲材質有哪些？

棉

　　棉的種類很多，包括棉花的棉，各種天然纖維織就的棉，比如莫代爾棉、匹馬棉、竹纖維棉等，還有備受推崇和青睞，價格也比較高的各種有機棉。

　　棉質具有很好的親膚性，很少人會對棉質過敏，因此，我個人認為內褲最好的材質是棉，建議每個女性的內褲抽屜裏，以棉質為主的內褲起碼應該佔一半比例。

彈力色丁

　　通常表面光滑，有亮度，背面暗沉。其原料可以是棉、混紡、

滌綸、純人造纖維等。色丁被注入氨綸絲的面料就是彈力色丁，光澤度、懸垂感都很好。輕薄柔順，抗撕裂度高，絲綢手感，品質高雅。

也有真絲彈力色丁，但價格十分昂貴，只有高端品牌才會使用。

彈力色丁雖然有一定彈力，但如果用在整條內褲上還是會有彈力不足的問題，因此彈力色丁通常會混搭其他材質製作內褲，比如彈性蕾絲、彈力網紗等。

蕾絲

又稱花邊，是一種網眼組織，最早用鈎針手工編織。

蕾絲使用尼龍、滌綸、棉、人造絲作為主要原料，如果加入氨綸或彈力絲即可獲得彈性，成為彈性蕾絲。

內褲上常見的彈性蕾絲類型如下：

尼龍（或滌綸）＋ 氨綸：常見的單色彈性蕾絲；

尼龍 ＋ 滌綸 ＋ 氨綸：由於在錦綸和滌綸上染的顏色不同，製成雙色蕾絲；

尼龍（滌綸）＋ 棉：可以做成花底異色效果蕾絲；

全棉 ＋ 氨綸：棉質彈性蕾絲。

彈力網布

通常是針織網布，原料一般為尼龍、滌綸、氨綸等。柔軟輕薄，透氣性好，彈力大。

微纖維

又稱超細纖維。用合成纖維製作的布料，其纖維單位在 0.3 旦（直徑 5 微米）以下，僅為真絲的 1/10。最常見的超細纖維材料是人造纖維或尼龍，或尼龍和人造纖維的混合，也就是滌綸和錦綸兩種。

超細纖維由於織度極細，大大降低了絲的韌度，製作成布料手感極為柔軟，還有真絲般的高雅光澤，並有良好的吸汗、散濕性。目前，微纖維是製作內衣最流行的材料，成品舒適、美觀、保暖、透氣，有較好的懸垂性和豐滿度，在疏水和防污方面也比一般纖維要高。

超細莫代爾

由奧地利蘭精（Lenzing）公司注冊商標的一種微纖維，用山毛櫸纖維素紡製的布料。這種纖維比絲線還精細，織成的布料非常精緻且質地輕巧。用超細莫代爾製作的女性內衣，被美譽為「第一肌膚」，顧名思義，比「第二肌膚」更勝一籌，幾乎可以做到沒有穿戴痕跡。超細莫代爾表面光滑，可以防止酸橙和洗衣液的沉澱，即使經過多次洗滌後仍然如絲般光滑柔順，顏色明亮鮮艷。超細莫代爾比棉的吸水力強 50%，因此可以讓皮膚更好地呼吸。

匹馬棉

特指在美國、澳洲、秘魯生長的一種超長短纖維棉。世界只有少數地方可以出產，數量十分有限。匹馬棉以前被稱為「美國埃及棉」，後來被重新命名，以獎勵在亞利桑那州薩卡頓地區，為美國農業部種植這種棉的匹馬印第安人。匹馬棉與高地棉的主

要區別在於纖維的長度和力度。在美國，如果棉纖維長於 1.375
英寸，就被認為是匹馬棉。匹馬棉的韌度和細度都比高地棉要好，
質地自然柔軟、手感順滑、懸垂感特強，織出來的布料韌度十足，
價格相應的也比較高。

Q22
內褲有哪些常見款式？

　　內褲的款式是經過幾十年發展積累而來的，市面上看似種類
繁多，令人眼花繚亂，其實大體都可以歸入五種基本款式：

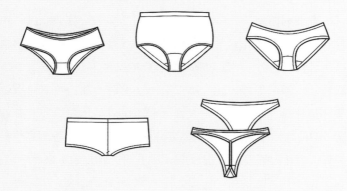

經典短褲

內褲中最常見的款式。腰部位於或稍低於肚臍,故分為高腰短褲和低腰短褲。年齡大的女性更適合高腰短褲,因為它對腹部有更好的保護。低腰則更適合年輕女性。跟比堅尼相比,它包裹臀部和腿根部更為嚴實。腿部開口有高開或普通開樣式。

比堅尼短褲

比堅尼短褲是從泳裝概念演化來的內褲款式,腰部通常低於肚臍。後來因為出現了超低腰的牛仔褲等褲型,也就有了更低腰的款式。

比堅尼短褲的腰圍在臀部靠上,腿部有時為高開口,特別高開時兩側可為細帶,稱為細帶比堅尼,夏季尤為常見。

臀褲

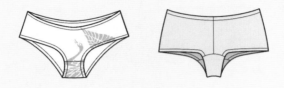

與臀部熨貼的一款內褲，所以叫臀褲。

這一款式是我最喜歡推薦的，我個人也穿得最多。它的兩側長度其實很像經典短褲，又比比堅尼短褲的側翼長，因此兩側感覺十分妥貼。腿部開口也與經典短褲相像，相比比堅尼的腿部開口要低，因此對下腹和臀部都能有足夠的包裹和覆蓋。

我最喜歡臀褲的一個特點是它的前後腰都有一個往下的弧度，前腰弧度通常更大，後腰也正好在臀圍的測量點上或者以下，因此比經典短褲穿上後的感覺要輕盈許多。如果是喜愛運動的女性，特別是腹部較平坦的女性，穿上它應該都會感覺特別舒服。即使腹部不夠平坦，穿上這款內褲也會立刻感覺輕便許多。

有的臀褲有前後中縫，儘管它有時看上去的確更漂亮，但如果布料的彈力不夠強，會很容易出現夾溝現象，造成不適。所以，盡量不要買有後中縫的臀褲。

平角褲

　　這是仿男孩短褲款式的女式內褲，但比男孩短褲款式有魅力得多。

　　有些款式則會特意採用男式內褲元素作為裝飾，如前開氣效果。

　　這款內褲側翼通常很長，能包裹住整個臀部，腿部開口很低，常與大腿根齊平。針對不同年齡，分為標準腰和低腰。推薦年紀大的女性選擇標準腰款式，年輕女性則更適合低腰甚至超低腰。

　　這一款最受二三十歲左右年輕女性喜愛，因為它特別能突出年輕身體的圓潤和豐滿。

Ｔ字褲

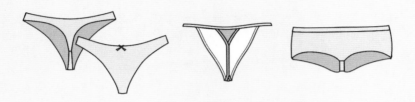

又稱丁字褲，將臀部完全暴露，是避免「內褲痕」的最佳款式。

後部有較多布料的為普通Ｔ字褲，只有小塊三角布料或完全無布料的，稱為「Ｔ帶褲」或「Ｇ帶褲」。

另有一種「男孩式Ｔ字褲」，看起來像平角褲，實際上是Ｔ字褲的形式。

內褲款式還會有更細的分類，比如分低腰或高腰等。每個季度設計師都會在這幾類基本款式上做文章，用不同面料和輔料做出更複雜的設計。不過，樣式雖然紛繁，但萬變卻不離其宗，仔細看不難發現，其實仍是這幾個基本款式。

Q23

是否有 100% 純棉彈力內褲？

有，但現在愈來愈少。

純棉雖好，不過 100% 棉的回彈能力比較差，穿不了幾回就可能鬆垮。因此，市面上的棉質內褲通常會混合 3%~12% 不等的彈性纖維，比如氨綸。在這個比例範圍內，彈性纖維的佔比愈高，內褲的彈性幅度也就愈大，無論是舒適度還是親膚度都會更好。

那麼如何判斷是否有足夠彈性呢？方法很簡單，看成分標籤上是否有氨綸含量。也可以在選購時往橫向和縱向都拉一拉，如果鬆手之後能迅速恢復原狀，就意味着彈性足夠，而只有彈性到達一定程度才足以滿足我們身體的活動幅度。有些內褲剛穿上時很舒服，但很快就會擠入股溝，不能安全地包裹住臀部，愈穿愈難受，這就是彈性不夠的原因所致。

現在，使用混紡高彈纖維的棉做內褲面料，已經是大多數內衣公司的普遍做法了。只不過這些彈性纖維有些是人造纖維，有些則是天然的，自然會反映在價格上。因此，如果條件允許，建議大家盡量不要購買過於便宜的棉質內褲。

Q24

如何識別內褲成分標籤裏的彈性纖維？

內褲的水洗標籤上，通常會標明材質的成分。除了棉，經常還有幾個我們可能完全不了解的名詞。其實它們大多是彈性纖維，是增加內褲彈力的混紡材質。經常見到的彈性纖維名稱有以下幾種：

尼龍

尼龍是美國傑出的科學家卡羅瑟斯及其領導下的一個科研小組研製出來的，是世界上出現的第一種合成纖維。

尼龍以高柔韌性和回彈性著稱；便於洗滌、乾得快、不起皺、毋須熨燙；不縮水也不鬆垮，因此總能保持形態。尼龍纖維有絲的光澤，拉張力比羊毛、絲綢、人造絲或棉都高，能經受上萬次折撓而不斷裂。

用尼龍織成的面料一經問世，就受到內衣設計者的關注。在尼龍出現前，內褲幾乎都是用白麻做的，寬鬆不貼身；尼龍造就了第一款緊身內褲，開始所謂「第二肌膚」的概念，能夠充分表現女性的身體曲線。

但尼龍的耐熱性和耐光性較差，吸濕性和染色性也不佳，因此現在內褲中單獨使用尼龍纖維的並不多，更常見的是尼龍與黏膠纖維結合的面料，能讓布料本身重量變輕，透氣性更好，並仍能有優良的耐久性和更好的染色性。

黏膠纖維

纖維素從木頭中提煉，特點是柔軟，懸垂感好，光澤度高。

氨綸

氨綸的英文在美國是 Spandex，美國以外稱 Elastane。

一種用聚氨基甲酸酯製作的合成纖維，以彈力強、分量輕著稱。不僅結實耐磨，而且不吸水、不吸油。對於對乳膠成分過敏的人來説是最好的替代品。一九五九年由杜邦公司研發，它為貼身內衣帶來了革命性的變化，讓內衣在可以支撐和塑造身體的同時，以高彈性適應各種運動，因此不再需要另外的繫帶或鈕扣。

而氨綸最著名的商標是美國英威達公司出品的萊卡。

萊卡

萊卡是美國杜邦公司推出的新型纖維，這種材料被譽為「內衣的天使」，其彈性比尼龍更好，與其他天然或人造纖維混紡後，彈性長度高達七倍，回彈狀態完美，具有極好的伸縮性和舒適度，更能滿足女性運動時的需求。

Supplex®

由美國杜邦公司製造。是像棉一樣柔軟的尼龍，雖然是人工布料，卻有着棉的外觀。輕、易乾、結實。通常用 Supplex® 製作的內褲價格較貴。

Tactel®

美國杜邦公司出產的一種尼龍纖維。比尼龍更柔軟、更有絲光度，通常表面有皺紋。輕、易乾。價格比尼龍貴。

Q25
底襠的襯布為甚麼一定要是純棉的？

選擇內褲時，無論其主材質是否含棉，即使是莫代爾棉或竹纖維棉，底襠內襯的材質都一定要選擇 100% 純棉的。女性最隱秘的部位相當敏感，各種病菌極易侵入，任何純棉以外的布料都有可能引起過敏反應，低級廉價的人造纖維材質更是容易滋生病菌的溫床。

別小看這麼一塊不起眼的布料，如果材質不當，它會引起各種炎症，直接影響健康。因此在選購內褲時，女性朋友一定要注意查看。

Q26

內褲有哪些不常見的時尚款？

巴西式內褲

正面看類似普通比堅尼或低腰內褲，背面露出部分臀部，比丁字褲暴露得少，比普通內褲暴露得多。

法式內褲

通常使用寬度為 5~7 英寸的蕾絲整體製作而成，側翼的寬度即為蕾絲寬度，沒有側縫，暴露少許臀位底部，故又稱 "Cheeky"。"Cheeky" 一詞，原意臉蛋，意會成「半個屁股」。

熱褲

沿自早年踢踏舞女的熱褲，故名為 "Tap Pants"。通常使用蕾絲、彈性真絲或緞面料，是非常甜美、非常女性化的一款內褲。

Q27

從製作工藝看，內褲有哪些分類？

現在主要有車縫和貼合兩種工藝。

車縫，是一種傳統的縫製工藝，顧名思義，要用縫紉機縫製。這種工藝製成的內褲表面可以看見縫線。通常需要多種縫紉機，比如平車、拷邊車、人字車等，才能完成一條內褲的縫合。幾乎

所有面料都可以車縫，大部分面料需要拷邊或捲邊處理，因此會有一定厚度。

貼合，也就是我們常說的「無痕」工藝，內褲邊緣用鐳射刀剪裁，主要接縫處用膠通過高溫黏合起來，表面沒有縫線、針腳、包邊，因此光滑、平整。但不是所有面料都適合這種工藝，必須未經過柔光處理才可以拿來貼合，也就是說布料的表面要有一定的粗糙才能更好地黏合上。現在市面上也出現了「隨心裁」面料，即不捲邊、不豁邊的面料，是理想的貼合材質。

貼合內褲毫無勒束感，穿着無壓迫感，因此受到愈來愈多的人喜歡。

Q28
購買「無痕」內褲時需要注意甚麼？

所謂「內褲痕」，指的是在外衣下能看到內褲的輪廓痕跡。一般來說，在歐美文化裏，暴露內褲痕就像暴露隱私一樣被視為不雅行為，盡可能地不顯示它是基本禮貌。另一方面，從穿長裙或長褲的效果來看，內褲無痕也肯定會讓外觀看起來更為流暢美妙。

現代內褲從「第二肌膚」到「第一肌膚」的不斷發展變化，從技術上講，可以說都是盡可能消除「內褲痕」的過程。每一次在使用材料、款式風格、製作工藝上變化的目的，其實都是如何讓內褲更加「無痕」。因此我們在選購內褲的時候，也一定要特別留意這個問題。

　　能製作貼合款內褲的面料大多有很強的伸縮性，穿一定時間後很容易鬆垮變大，所以購買時，可以買偏小一號。

　　另外，如果是「隨心裁」面料做的內褲，因為腳口不用貼邊，也不上橡筋，彈力其實是不夠的。如果做成三角褲或比堅尼款，很容易造成夾溝現象。因此，購買「隨心裁」面料的內褲最好買平角褲款。

Q29

怎樣才算是合適的內褲？

　　如果發現內褲發生扭動、團皺，或簡單講，不能裹住臀部不動，說明你選擇的內褲尺碼過大了。

　　現在市場上的內褲大多使用混有彈性纖維的布料，彈力足夠應付我們身體的運動幅度，所以，尺碼合適的內褲，前後應平滑地貼在皮膚上，不應有多餘的空隙；而且應該感覺鬆緊適中，不應有勒束感；在外褲或裙下不應看到內褲的起皺和堆積。

　　如果感覺腰部鬆緊帶過緊或是勒進了皮膚，甚至讓你的腰部兩側曲線出現層疊狀，或脫下內褲後皮膚上留下勒痕，這些都說明你的內褲尺碼過小了。如果褲腳的橡筋造成同樣的問題，也是因為內褲過小。

Q30

你應該有哪些顏色的內褲？

　　一個女人的內褲抽屜裏可以有各種自己喜歡的顏色，特別是流行顏色，但有三個基本顏色不可或缺：裸色、黑色、白色。

裸色

　　因為是最接近肌膚的顏色，幾乎可以搭配所有顏色的褲裝或裙裝，被稱為內褲百搭色，它應該是你抽屜裏最多的顏色。如果你不想動腦筋考慮內褲與文胸、內褲與外褲或裙子的顏色搭配，那麼多買幾條裸色內褲肯定沒錯。

　　我們在選購內褲時一定要選擇最接近自己膚色的那個顏色，或者稍微深一點，切記不要淺於自己的膚色。

黑色

　　內衣裏最神秘的顏色，也是最長銷和暢銷的顏色。黃種人的大部分膚色都可以穿黑色，如果黑得足夠純正，也就是説足夠黑，則更容易產生高級感。

白色

　　純正的白色被認為是最純潔、最天真的顏色，如果白得純正，我認為也是最性感的顏色。

流行色

　　時尚色即當季流行色。

　　我們內衣設計師做一個季度的設計時，一般一個款式會做幾個基本色，再搭配一兩款流行色。你可以根據喜好選擇自己想要的流行色。

Q31
內褲要與文胸成套購買嗎？

　　市面上有很多文胸與內褲的套裝，至少在做展示時，喜歡放在一起配套展示，設計師做設計時也會做套裝設計。而且據說女生穿成套內衣吸引男生的成功率會更高。不過，我個人並不贊成一定要購買這種配搭好的套裝，至少不會拘泥於此。

　　況且我們的內衣抽屜裏，內褲的數量比文胸多很多，比例至少是 2：1 或者 3：1。所以，一款文胸至少搭配兩款內褲。那麼，如何搭配或搭配出特別的效果，選擇權完全在你自己。

　　搭配時通常將相同材質搭配在一起，顏色倒是須要多費些心思。黑色和裸色都是百搭色，互相搭配總會有特別效果，比如黑色蕾絲文胸搭配裸色蕾絲內褲。

Q32

一個人應該有多少條內褲？

有專家建議說應該有十四條，夠兩週穿。

這是一個最基礎的數字，我個人覺得應該更多。

首先，因為內褲價格通常比文胸低很多，購買沒有太大壓力。其次，出於衛生考慮，更換頻率也比文胸高。前面說過，一件文胸至少應該有兩條內褲與之搭配，那就先數數你有多少件文胸吧。再者，內褲也有季節之分，尤其應該為夏季準備更多輕薄、涼爽的款式。

Q33

生理期需要穿特殊的內褲嗎？

很多女性在生理期都會有一個共同的煩惱：白天擔心滲漏弄髒褲裙，連走路都小心翼翼；半夜擔心側漏弄髒床單，連側翻都不敢。這個時候，女性就應該為自己選擇一條舒適的生理內褲，給特殊時期的自己以特殊的關愛，讓生理期更輕鬆、更健康。

生理內褲通常在底襠和後部直接使用或增加一層防水面料做內襯，可防止經血的後漏和側漏。即使沾上血污，污漬一般也不會滲入織物纖維內部，清潔起來十分容易。

防水面料主要有兩種，一種是在普通面料表面塗上防滲塗層；另一種是防水膜貼合型，就是將一層物理防水高分子塑料膜與普

通的紡織基料嚴密地黏合在一起。從外觀上看，這兩種生理內褲沒有太大差別，可手感明顯不同。第一種塗層型較厚，但比較柔軟，其防滲部位的手感與其他部位基本一致；第二種較薄，仔細觸摸有細微的「沙沙」聲。總體來說，現在市面上的生理內褲透氣性都比前些年有明顯進步，但防水膜貼合型還是更好，即使在天氣悶熱的盛夏穿着也無不適感。

生理內褲出現時間雖然不長，但設計人員在選料及裁剪上都下了很多功夫，而且考慮愈來愈周全，市場上已經有不少設計相當合理的生理內褲，既有普通的三角褲、平角褲，也有束腹提臀型的生理褲，女性朋友可以大膽選擇。

但防水面料終歸透氣性欠佳，非生理期不建議穿。

Q34
市面上的即棄內褲可以購買嗎？

即棄內褲通常是為旅行、外出過夜或臨時需要時攜帶方便而製作的，價格比較低廉，用完即可扔掉。即棄內褲有布質也有紙質的。如果是購買即棄布質內褲，最好要確認這個內褲是否經過消毒，是否為真空包裝，這樣拆包即可穿上，否則會有安全隱患。而且無論多麼廉價，襠部仍然要是棉質的。

Q35

為甚麼市場上很少有純白色內褲？

　　的確，我們在市場上很難找到純白色內褲，因為我們在做設計生產時就被品牌方要求不能有純白色。這是為甚麼呢？

　　因為純白色在染色時都添加了「螢光劑」（俗稱「增白劑」），而現在很多人聞此劑即色變。

　　螢光劑是一種含有複雜有機化合成分的螢光染料，它的作用是提高產品在日光下的白度，肉眼看時會感覺布料很白、很乾淨。螢光劑曾經被廣泛應用在紡織、造紙等很多方面，但現在對於是否應該使用它存在比較大的爭議。比較普遍的說法是螢光劑可透過肌膚被吸收進人體內，進入人體後不容易被分解，可在人體內蓄積，大大削弱人體免疫力；或者，螢光劑與傷口外的蛋白質結合，會阻礙傷口的癒合；再或者，螢光劑會讓人體細胞出現變異傾向，其毒性累積在肝臟或其他重要器官，會成為潛在的致癌因素。

　　這樣的說法是否有科學依據？

　　其實，科學家們早已經用各種實驗和研究證明它們基本是無稽之談，螢光本身就普遍存在於自然界中，也存在於各種動物體內。自然界有很多東西，在劑量正常使用下都是安全的。歐美市場上就一直有使用螢光劑增白染色的純白色內衣。那為甚麼內地沒有呢？大概因為適量使用與超量使用很難控制，有些廠商為了達到增白目的，不顧劑量，大量使用，從而造成危害；或者把漂白劑跟其他結構相似的毒性化學物質搞混了；又或者跟產品內同時含有的香料或防腐劑所造成的反應搞混了。總之，為了防止意

外發生，內地已全面禁止增白劑在紡織業的使用。因此，我們可以選擇的內衣就只有本白色了。

關於睡衣與家居服

Q36

你會穿着睡衣睡覺嗎？

有的人不穿睡衣會睡不着，有的人則相反，穿了反而會睡不着。穿不穿睡衣更多是一種習慣，而我覺得每個人都應該養成穿睡衣這個習慣。這是為甚麼呢？

保暖

睡衣最早的功能是為保暖。怕冷的確是很多人選擇穿睡衣的原因。不過，並非寒冷的時候或地方才需要保暖，女性的腹部相當敏感和脆弱，即使夏季也有可能受涼，況且大多時候是在有空調的環境裏。女性受寒，可能年輕時或短時間裏看不出甚麼問題，但隨着年齡的增長，因為受寒而埋下的病根就會一點點顯現出來，最後成為不可治療的慢性疾病。因此，年輕時的一件小睡裙將腹部稍稍遮蓋，就能起到保護自己的作用，還能讓睡眠更安穩，也更有利於個人健康。

衛生

人體在睡覺時會有各種分泌物，尤其可能出汗。如果不穿睡衣，可能每天都要更換床單和被罩。相比於洗滌後者，一件睡衣換起來要方便得多。

特殊環境的必需品

即使我們在自己家裏選擇裸睡，可是仍有一些場合不穿睡衣是絕對不行的。比如，當你到別人家留宿或住在學校宿舍時。

Q37

睡衣有哪些常見款式？

分體式套裝

分體式套裝，英文名稱 "Pajamas"，簡稱 PJ，即上下兩件式的睡衣。常見有西裝式，包括一件開身繫扣上衣和一條褲子，樣子很像男式西裝，通常設計簡單，沒有過多裝飾。採用中式立領的中式套裝睡衣也很常見。

女性西裝式睡衣套裝的出現頗具戲劇性。一九三四年，荷里活電影《一夜風流》（*It Happened One Night*）裏，女主角艾麗（歌羅德·高露拔飾）從家裏逃跑，遇到彼得（奇勒·基寶飾），兩人被迫在一家汽車旅店共度一夜，艾麗借穿了後者的男式睡衣套裝。沒想到，從此開啟了這一睡衣款式在女性睡衣市場的流行。

　　一般來說，套裝睡衣的上衣和褲子在整體花色及款式設計上是相配的，通常在領口、袖口和褲管口做些特別的設計處理，讓看上去樸實無華的睡衣多一份活潑氣息。現在也有和情侶對換上衣或下衣的穿法，看上去更為俏皮。

睡裙

　　吊帶或帶袖的短裙或長裙，通常為直筒式。短睡裙長度常在膝蓋上下，長睡裙有小腿及腳踝兩種長度。睡裙的領口很多樣，也有各種袖長等。

　　吊帶式短睡裙多於夏季穿着，帶袖長裙多於冬季穿着。

　　如果家中有客人，可以在睡裙外披件長袍或晨衣。

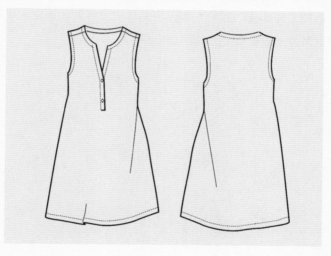

睡袍

　　起夜時或在起居室活動時通常穿在睡裙外面的衣服，有長袍和短袍之分。

　　和式睡袍也是長睡袍的一種，現在已是西方內衣十分流行的一個品類。它仿效日本和服式樣，有寬大的袖子，開襟用腰帶繫住，通常會有漂亮的印花圖案，被認為是睡衣裏的性感款式。

　　浴袍是浴後穿的衣物，與睡袍的樣式沒有太大差別，可能會使用更為吸水的材質，比如毛巾布。

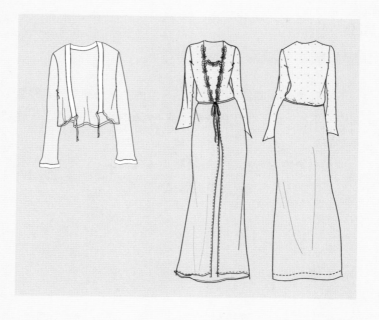

Q38
甚麼是襯裙式睡衣？

英文是 "Slip"，直譯為「襯裙」，字面上是指穿在外衣裙裝下的裙子。不過，到了現代內衣概念裏，"Slip" 可絕不僅僅是一件襯裙那麼簡單了。

這種襯裙睡衣有幾個主要特點：絲綢製作、V 領斜裁和細肩帶。有長短之分，長度可在長過腳踝與膝蓋上下之間。

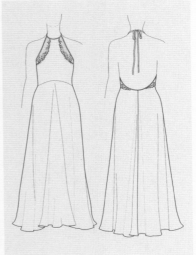

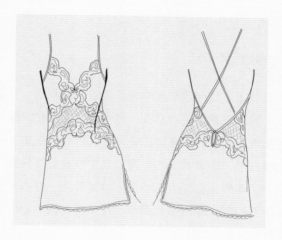

　　在女性內衣愈穿愈少的今天，雖然襯裙睡衣保留着遮掩女性全身的傳統，可絲綢布料因為斜裁，會有特別自然隨身的效果，也最充分顯現了女性的身體曲線。這大概是它最獨特的魅力所在。它不像文胸那麼張揚，誘惑得很含蓄。襯裙睡衣暴露得並不多，不過一個側縫的開衩又足以露出一點點大腿；總是在胸口點綴的蕾絲花邊，若隱若現地露出一片雪白的肌膚；如果蕾絲花邊點綴全身，又是另一番風情。而最迷人的可能還在於一件斜裁式睡裙只靠兩根細帶掛在肩頭，只須被人輕輕一撥，就可以從香肩滑落，露出女性美麗的身體。還有甚麼比這種直截了當的挑逗更撩動人心的呢？

　　因此，和成衣界的「小黑裙」一樣，襯裙睡衣可謂「出得了廳堂，入得了洞房」，可俗可雅，需要實用時最實用，需要性感時又極盡誘惑之能事。既可以為自己穿，也更適合穿給伴侶看，因此這款睡裙也最常出現在電影中火熱性感的場面裏。

　　這也是我自己最喜歡的睡衣款式。

Q39

甚麼是娃娃式睡裙？

娃娃式睡裙是我在臥室裏穿得最多的一個款式，它陪我度過了很多個熟睡或輾轉無眠的深夜。它也是我獨自在家時穿得最多的款式，無論是生病時，蜷縮在暖洋洋的臥室裏看書；還是心事寂寥時，躺在陽光透不進來的客廳沙發上看電影；只要穿上它，就像是回到了年輕甚至年少的時候，無憂無慮，身心輕快，好奇心大發，所有的感覺神經都張開來，任由自己懶洋洋地做一個不諳世事、簡單甚至愚蠢的人。

睡衣從根本上說就不是一種簡單的衣物，而娃娃式睡裙尤其不是。它之所以能讓我擁有上述這些感覺，是因為它的前世正是成熟身體裏一直存在的一份少女的天真。

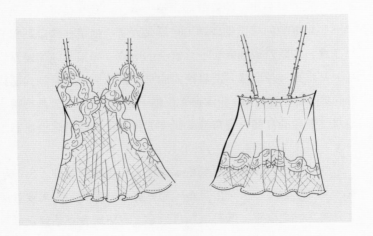

娃娃式睡裙，英文即 "Babydoll"，是一種寬鬆、無袖、長度在肚臍到大腿根之間的短睡裙。領口低、腰際線高，常裝飾有蕾絲、

荷葉邊、花菜邊、蝴蝶結、緞帶等，通常會搭配一條有相同設計元素的內褲。

這款睡裙因一九五六年由田納西‧威廉斯編劇的電影《嬌娃春情》（*Baby Doll*）而風靡。

影片的主人公 "Baby Doll" 是個芳齡十九的年輕女子，雖已結婚兩年，卻固執地不願與丈夫圓房，後來被丈夫的商業對手、一位有魅力的男人勾引，才終於喚醒身體裏對異性的「性」趣以及毀滅男性的智慧和力量。

Baby Doll 出場的第一個鏡頭是睡在一張嬰兒床裏，吮着手指，身上穿着一條蓬蓬小內褲和一條像女童裙的超短睡裙。這款睡裙就是今天我們所説的「娃娃式小睡裙」，也就是用女主人公別名命名的 "Babydoll"。

用 "Babydoll" 命名這款睡裙不一定始自這部電影，不過這部電影卻讓它聲名大噪。

電影是把 Baby Doll 當成正面人物寫的，但在當時的時代背景下，其道德傾向和性傾向都與社會主流觀念產生衝突，一度被取消放映。然而，這款可愛的娃娃小睡裙卻很快風靡起來，而且出乎意料地，不單單受到少女的喜愛，還受到眾多成年女性的追捧。大概每一個女人，無論年齡，都希望自己既能擁有成年女性的性感，靈魂裏又能住着天真的幼稚少女吧。

Q40

睡衣該選棉質的，還是絲質的？

　　睡衣的常見面料主要是棉與絲綢（或仿絲綢）。

　　兩者比較起來，市場上絲質睡衣的數量似乎更多。但其實真絲面料因為成本高，只有高端品牌才有可能使用，普通品牌大多使用的是仿絲面料。常見的真絲面料有緞、雪紡、提花緞和單面絲針織等；仿絲綢常見面料有仿緞和人造絲等。

　　棉也是常見的睡衣材質，有針織棉和梭織棉之分，兩者的區別是前者有彈性，後者沒有。

　　針織棉是彈性纖維出現以後才有的面料，卻後來居上，現在是睡衣市場的主力軍。它能隨季節變化而有各種厚薄，而且種類十分豐富，比如有單面針織物、雙面針織物、螺紋織物、雙螺紋針織物、莫代爾、竹纖維棉等。

　　棉當然也有好壞。壞的棉，乾澀、粗糙、硬刮；好的棉，爽滑、涼、軟、沉，手感上絲毫不輸絲綢。

　　如果有人問我會選擇甚麼質地的睡衣入睡，我一定會說：「棉，當然是棉。」因為棉有更好的體溫適應性，冬暖夏涼，而且躺下時更合身，穿着睡覺會更舒服、更自在。

Q41

想購買高級的棉質睡衣，應該選哪種成分的棉？

精梳棉、埃及棉、匹馬棉、絲光棉。這四種棉均被認為是頂級棉質，只有高端內衣品牌才有可能使用。如果想選擇高級的棉質睡衣，可以從這四種棉中挑選。

Q42

睡衣的顏色對睡眠有影響嗎？

根據科學研究，顏色對於睡眠有明顯影響。比如，淺色有助於睡眠，過於鮮艷的顏色則會刺激大腦皮層興奮。因此設計師們在設計睡衣時，通常不會讓顏色過於艷麗、圖案過於複雜，而是盡量選取淺淡的暖色系，比如淡粉、淡藍、象牙白等。印花圖案也要溫柔、和美，常見的圖案有淡雅的花、可愛的動物以及簡單的幾何圖案，如條紋、波爾卡圓點、方格等。這些圖案都會讓人精神放鬆，有助於睡眠。

Q43

回到家一定要換上家居服嗎？

穿家居服首先是出於衛生的考慮，這一點已毋須多說。室外環境污染愈來愈嚴重，我們要保護自己和家人，就需要確立明確的室外與室內的分界，回家換上家居服就是行動之一。

另外，走進家門換上家居服的一瞬間，還會給我們一種明確的心理暗示：我已從外面紛紛擾擾的世界回到家了，回到了屬於自己的私人空間。每次回到家中換上家居服，我都會油然而生一種勝利感，而款式漂亮、質地優良的家居服就像是對這種勝利最實在的獎勵。

服裝不僅能反映人們的生活方式，也會對人的情感產生作用，就像一件美麗的睡衣可以幫助我們更快地進入睡眠狀態一樣，一件寬鬆舒適的家居服也可以讓我們馬上感受到回到家的放鬆感，並且表達出「我不想再出門了」、「我願意待在家裏」的態度。

Q44

常見的家居服都有哪些款式？和睡衣有甚麼不同？

帽衫外罩、套頭衫、T恤衫、亨利領裙裝、短褲與長褲、睡袍等都是比較常見的家居服。

那家居服和睡衣有甚麼不同呢？

面料

睡衣的面料可以很輕、很薄，甚至可以透；雖然不少是有彈性的，但不是必須。

家居服不會透，會相對厚一些，但又不像外衣那麼厚，為方便起居，一般都會帶點彈性。

顏色

睡衣多為淺色，但家居服的顏色既可以淺淡、溫柔，也可以深一些，如咖啡色、藏藍色，甚至還有黑色。

裁剪

睡衣和家居服的款式有不少重疊，比如背心、短褲、長褲等。從裁剪上說，睡衣通常是直腰身，甚至是放腰，愈寬鬆愈好。家居服則多少會有些腰部設計，帶彈性的面料往往也會很自然地顯露身體曲線。

家居服要便於活動，出入方便，因此多為背心、衣褲套裝，裙裝較少。

　　家居服一直頗受休閒衣、運動衣和街衣潮流的影響。運動衣風格的家居服，尤其是瑜伽服也一直是家居服裏的主要角色。

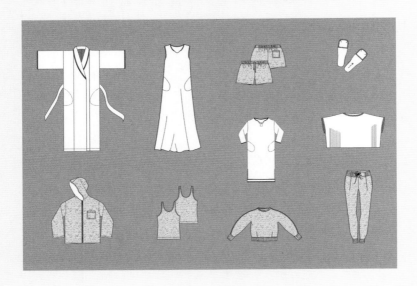

Q45
你的家居服不會只有男朋友的大 T 恤吧？

常聽女性朋友說：「為甚麼還要買專門的家居服呢？套一件男朋友或老公穿剩的大 T 恤不就可以了嗎？」

這當然沒有錯，起碼比起回到家還穿着外衣要好。大 T 恤可能的確是很多人的家居選擇，因為它通常是棉質的，寬鬆又舒服。

不過，男朋友的大 T 恤不能是你唯一的家居服，不能從一進家門就套上它，穿着它吃飯看電視，穿着它睡覺，直到第二天早上要出門上班才換下來；更不能整個週末四十八個小時都不離身。

因為大 T 恤再好，它也無法表現女性特有的曲線美，穿久了，或許會讓你忘掉自己是一個女人。

因此，如果你的衣櫥裏只有男朋友的大 T 恤，我建議你還是趕緊去買新的家居服吧。

關於調整型內衣

Q46

甚麼是調整型內衣？

調整型內衣又名重機能內衣，也就是我們常說的「塑身衣」或「體雕衣」，是現代內衣工業根據醫學、美學、人體工學和專業內衣設計所研發出來的一種新型內衣種類。它的出現與尼龍等彈性纖維的出現密不可分，並跟隨內衣材料的一次一次革新而一步一步發展成熟起來。調整型內衣的原理是運用彈性材質、利用身體的自然運動而將多餘的脂肪燃燒消耗一部分，再分別加壓、推移脂肪至乳房和臀部，就是說讓該瘦的地方瘦，該胖的地方胖，從而修飾出完美的身體曲線。

現代調整型內衣發展迅速，在款式上除了關注到女性的胸部，也關注到她們身體的其他部位，比如腰、腹、大腿、小腿、手臂等。可以這麼說，身體的每個部位都有了相對應的塑身衣，整個女性軀幹上已經沒有哪個部位是它不能調整的了。比如，它們可以讓乳溝更深，胸部更聳挺，腰更細，腹部更平坦，臀部更豐滿，大腿更緊實，小腿更纖細等。

Q47

調整型內衣有哪些款式？

簡單概括地說，有以下五種：

調整型文胸

用來修飾胸部曲線，防止乳房外擴、下垂，使胸部豐挺，呈現迷人乳溝。

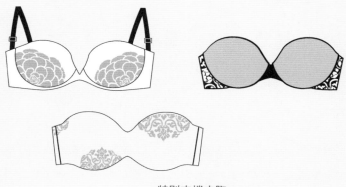

特別支撐文胸

它根據脂肪移動原理來設計，通常在普通文胸的基礎上，增加側比位的寬度和雞心位的高度，增加收腋下、副乳等功能，背部採用 U 形剪裁以防肩帶下滑。

通常講究包容度，常見全罩杯，1/2 罩杯和 3/4 罩杯則比較少見。

束腰

　　束腰可拉高腰部位置，控制胃、腹部脂肪的囤積，製造出優美的腰部曲線。

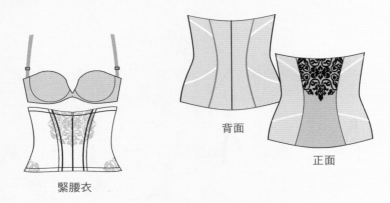

背面

正面

緊腰衣

束褲

　　用來抬高並製造出渾圓的臀形，同時可抑制腹部突出。長型束褲還能包裹大腿贅肉，修飾臀部及大腿的曲線。

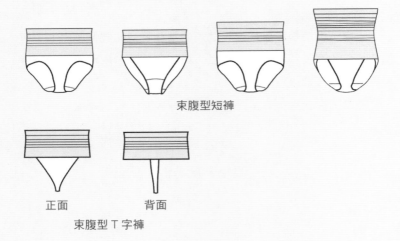

束腹型短褲

正面　　　　背面

束腹型 T 字褲

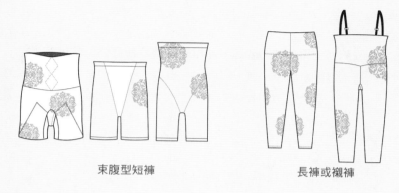

束腹型短褲　　　　　　　　　　長褲或襯褲

束胸衣

這種內衣可同時調整胸部、腰部和腹部的曲線,穿起來穩定度高,不易鬆動。

正面　　　　　　　背面

束胸衣

塑身衣

從胸部到臀部連身包起，除塑造各部位曲線外，還可防止駝背，矯正姿勢。

塑身衣

歐美市場上的調整型內衣要豐富很多，除了以上五種外，還分出更細的品類，上半身有背心、胸衣，下半身有抬臀內褲、短腿褲、半身襯裙等款式。

背心

襯裙

全身襯裙

Q48

調整型內衣有哪些常見面料？

在購買調整型內衣前，先讓我們來了解下它所使用的布料。太空纖維、萊卡纖維、錦氨等代表了不同的舒適度，也就是不同的彈力度，我們要在購買前對材料多一些了解，以便買到更適合自己塑形要求的內衣。

現在調整型內衣的款式愈來愈好看，也愈來愈時尚，很多帶有精美的鏤空、浮花、提花圖案，大多平滑得像絲綢一樣。從設計角度講，為了讓身體感覺舒服，這類內衣現已基本採用筒機針織面料，這種面料讓內衣實現了無接縫技術，使其在外衣下面更為平滑。調整型內衣現也基本不使用各種輔料零件，比如繫帶、拉鎖、滑環、鈕扣等。大部分調整型內衣完全靠布料和輔料本身的彈力調節鬆緊。

調整型內衣經常使用的面料有以下五大類：

氨綸

一種用聚氨基甲酸酯製作的合成纖維。分量輕、彈性強、結實、經磨、不吸水和油，是對乳膠成分過敏的人最好的替代品。

尼龍

完全是合成纖維，以高柔韌性和回彈性著稱。尼龍布料乾得快，自然沒有縮水和皺褶的問題。尼龍是真正第一種商業化的合成纖維。尼龍纖維有絲的光澤，拉力比羊毛、絲綢、人造絲和棉

都高。尼龍便於洗滌，乾得快，毋須熨燙，因為不縮水也不鬆垮，因此總能保持形態。

萊卡

氨綸彈性纖維的一個著名品牌。

Supplex®

Supplex® 是由美國杜邦公司研製開發的一種尼龍面料。它的手感像棉一樣細膩、柔軟，雖然是人工布料，卻有着棉的外觀。輕、透氣性強、易乾、結實，特別適合做夏季貼身衣物面料。

Tactel®

是美國杜邦公司生產的一種高品質的尼龍，化學名稱為「聚醯胺纖維」。Tactel® 比一般尼龍觸感更柔軟，透氣性更佳，穿着貼身更舒適。用 Tactel® 製成的織物抗皺，面料有絲般的光澤，衣物日日如新。

Q49

調整型內衣面料裏的氨綸有甚麼作用？

調整型內衣通常都含有一定百分比的「氨綸」，它與主彈力面料的含量比例多少是決定塑身效果強弱的決定性因素。這個比例通常在 5%~39% 之間，氨綸的含量愈高，其支撐度、壓縮力和

控制力就愈強。目前，調整型內衣市場的塑身強度等級有三，它們的名稱及功能特點如下：

高強度

功能：可以使腹部略平，腰部略瘦，臀部略小，能幫助你穿進比平時小一到兩號尺碼的衣服。

布料特點：手感厚重，十分緊實，拉伸困難，穿脫不易。氨綸含量在 40% 左右。

適合體形：身材偏胖的女性。

中強度

功能：可以幫助緊致肌肉，但不能讓你穿進比平時尺碼小的衣服。

布料特點：爽滑，分量適中，拉伸自如。氨綸含量在 20% 左右。

適合體形：身材適中的女性。

弱強度

功能：可以使你的肌膚均勻平滑，但不會重塑體形。

布料特點：通常薄軟、輕滑，可以輕易拉伸。氨綸含量在 10% 左右。

適合體形：身材纖細的女性。

Q50

購買調整型內衣，為甚麼要注意面料的彈性方向？

購買調整型內衣時要特別留意面料的彈性方向，因為有的面料是雙面彈，也就是只有 180° 左右的彈性，沒有上下的彈性；有的是四面彈，即上下、左右 360° 都有彈性。

由於肌肉的運動力以上下較大，如果調整型內衣只有左右的彈力，穿起來便會感覺伸展空間不夠，身體會不自在。

因此，購買調整型內衣時，一定要注意面料的彈性方向。

Q51

選購調整型內衣還有哪些其他注意事項？

顏色

這類內衣最常見裸色和黑色。這是可以滿足大部分需求的顏色。

市場上也會有淺色，如白色、象牙色，但因為調整型內衣通常都使用帶有亮光的布料，淺色尤其白色若穿在淺色外衣下，會發生反光，因此淺色外衣下還是應選擇與肌膚顏色接近的裸色。

尺碼

選擇調整型內衣時，應選擇與自己實際尺碼相符的尺碼。

有些人以為選擇比自己實際尺碼小一到兩碼的塑身衣，會讓

自己看起來更瘦。但實際上，我們在設計塑身衣時，已經替你做了這樣的考慮。所以，你只需按照自己的實際尺碼購買就可以了。如果覺得塑身效果不夠，可以選擇彈力強度更高一級的款式。

試穿

雖然試穿在內衣店不是很受歡迎的事情，但多數內衣店還是提供了這種服務，不過大多要求穿着自己的內褲試穿。因此，如果去買調整型內衣，最好穿比較簡單的比堅尼或丁字內褲，這樣更容易推測塑身衣的尺碼是否合適。

試穿上身以後最需要注意的是調整型內衣的邊緣。雖然這類內衣實際上只是藏肉或巧妙地轉移脂肪，但不能讓其表現出來。也就是說，如果穿上調整型內衣後能立刻看出你腹部的脂肪被推到腰上了，這件內衣就不合適。調整型內衣的最好效果是讓全身線條平滑流暢。

連體衣的開襠

選購連體衣時，一定要選擇有開襠設計的，方便起居。以前開襠多使用雙排鈎眼扣，但這種扣過於硬挺，容易造成敏感部位不適，所以現在設計師都已盡量避免使用這種開襠方式。不過有些款式無法找到其他更合適的開襠替代方法，仍只能使用鈎眼扣，所以我們在購買試穿時需要特別留意查看它的做工。

強度很大的塑身褲，因為穿脫比較困難，設計師也會做開襠處理。我們在選購時不妨多加留意。

襠部棉襯

無論是調整型長褲還是連體衣，襠部通常會有一層襯裏。要選擇棉質地的襯裏。

Q52

只有豐滿的女性需要穿調整型內衣嗎？

當然不是，調整型內衣是每個女人的必備品。

調整型內衣的主要客戶看似是豐滿女性，其實不然，即使纖瘦扁平的人也應該在衣櫥裏備上幾件。

原因是即使堅持運動、科學膳食，人類受遺傳基因影響還是會有不理想的體形，比如某些地域的女性臂膀特別容易粗壯，某些地方或家族的女性有更多的肩窄胯寬的梨形身材等。隨着年齡的增長，女性身體各部位終究會出現鬆弛、下垂以及脂肪分佈不均的現象，即使身材嬌小也不例外。年紀愈大，這樣的現象就愈明顯，且愈難以控制。這些都需要調整型內衣加以修正和改善。

通常情況下，正視這些衰老現象並接受它們的確是積極的生活態度；不過，在一些特別需要身體表現完美的緊急情況下，調整型內衣是可以快速應急的唯一方法。

即使是很瘦的人，這種內衣也可以幫助她們將腋下、後背、小腹的脂肪集中包裹到胸部，將大腿根部、外側的脂肪上提高固定在臀部，把扁平身材打造得玲瓏有致。

而且，如今的調整型內衣材質比以前豐富了很多，早已不局

限於勒束身體、減小尺碼等單一功能上，而是可以像化妝品一樣為肌肉「美容」。無論怎麼樣的身材，對美的追求都永無止境。

Q53
只有女明星需要穿調整型內衣嗎？

當然不是！

女明星的確是調整型內衣的示範榜樣，也是高端客戶。當她們走上紅地氈時，身體一律緊致飽滿、凹凸有致，不是她們天生比我們不受年齡的摧殘，或是做了多少特殊的運動訓練，而是她們可能都穿了調整型內衣，穿的可能是比我們更昂貴，也更適合她們的身體和外衣的調整型內衣，以達成了那種光彩四射的完美效果。普通人自然也有這樣的願望。在稍微特殊一些的場合，穿上調整型內衣也肯定會讓我們的心更為踏實無虞。

除了特殊場合，女性對塑身也有了更多需求，這跟如今的穿衣風格有很大關係，因為需要穿合身衣服的場合愈來愈多。上班須穿修身正裝，下班偶爾需要跟同事或合作夥伴喝杯酒、吃頓飯，通常也要穿能夠顯示身材的裙裝。

一般的日內衣，比如基礎文胸和內褲，無法幫你實現「完美」或「體形更好」的效果。比如身穿一條昂貴的絲綢長裙卻不幸露出令人難堪的肚腩時，或者穿着性感的薄紗雞尾酒裙，對面的人卻能隱約看見你腋下起伏的脂肪群時——你唯一可以快速求助的，只能是一件長款束腹衣。而它也的確不負眾望，可以立刻讓你感覺到不同：腹部平坦了一些，腰細了一些，臀部窄了也提高了一些，

大腿和小腿都緊實了一些。上述這些「一些」，可以是一個尺碼，甚至是三四個尺碼。

Q54
調整型內衣真的能讓你變瘦嗎？

現代女性對調整型內衣的普遍希望，其實是讓身體變得苗條。但這種內衣真的能幫助我們達成這一願望嗎？我的回答是否定的。

一個例證：調整型內衣雖然在近二三十年迅速發展，可歐美市場上調整型內衣的尺碼並沒有變小，反而一再加大，現在竟已突破了 DD。要是調整型內衣真的有用，它的尺碼應該變得愈來愈小，不是嗎？

二〇一三年底和二〇一四年上半年，美國曾有兩家以設計製作調整型內衣聞名的內衣公司遭到用戶起訴，原因都是不當宣傳其調整型內衣有永久瘦身和塑形的功效。這兩家公司都在其廣告裏宣稱，他們在某些塑形款式上使用了新面料「瘦身微纖維」“Novarel”，這種纖維因為含有咖啡因而有消解脂肪的功效。起訴者認為，她們在穿了這幾款調整型內衣後並沒有看到這樣的效果。這兩場官司均以公司承認廣告宣傳與事實不符而結案。

那麼，市場上常規的調整型內衣究竟能起到甚麼作用呢？

在我看來，它的確通過將身體某個部位的脂肪轉移，或壓迫到不想被你自己或其他人看見的地方，從而讓你的體形發生了一些有利的變化；不過只是在相對短暫的時間內，比如一場酒會、一場頒獎典禮等。脫下調整型內衣後，如果沒有其他的誘因，身

體大多會回到原來的狀態。

　　不過，市場上的確存在一些非常規的調整型內衣。這類內衣使用特殊的具有高科技含量的材質製作而成，通過長期穿戴確實能實現塑身功效。它們通常價格昂貴，多半高達一千美元左右，甚至更多。

　　因此，若想讓身材達到理想的狀態，還是要尋求更積極和實事求是的方法，比如調節飲食、有規律的鍛煉，這是比吃減肥藥或穿調整型內衣都更健康的方式。

關於運動內衣

Q55

運動時一定要穿運動文胸嗎？

答案是肯定的。

有些人可能認為：「哦，不用，我是 A 罩杯，我不需要穿運動文胸。」

這絕對是錯誤的認識。即使是 A 罩杯的女性，在運動時，胸脯也會有 4 厘米左右的晃動幅度。乳房愈大，晃動幅度就愈大，G 罩杯女性在運動時乳房的晃動幅度可高達 14 厘米。14 厘米是甚麼概念？一部 iPhone 6 Plus 手機的長度！

女性乳房其實是人體少有的沒有半點肌肉的器官，很不喜歡來回晃動。如果反復晃動又得不到特別的保護，它的韌帶極其容易損傷；而胸部韌帶一旦真的受傷，不但再也不能修復，也不能通過運動再得到加強。因此，即使在做不那麼激烈的運動，比如爬山、慢跑時，也應該穿上合適的運動文胸，幫助降低胸脯的晃動幅度。

如果不穿，會出現甚麼結果？這其實是我最想在這裏告誡各位女性朋友們的：如果胸腔連接胸脯的韌帶長期得不到有力支撐，最終會造成乳房位置變化和最糟糕的情況——下垂。很多女性為

下垂的問題而苦惱，其實一個簡單易行的解決辦法就是趕緊穿上有一定承托力的運動文胸。

Q56
應該選擇怎樣的運動文胸？

樣式傳統的運動文胸

款式：不同的胸型應該挑選不同的設計款式

　　原則上講，胸部較小的女性應選擇壓縮款式，通常是一片式，中間沒有接縫。這種款式會讓乳房扁平，只要讓它們相互靠近一些就可以防止運動時的晃動。

　　胸部較大的女性應選擇有分離式罩杯的款式，分離式罩杯通常有強化支撐功能的元素，比如特別增加的針腳等，讓兩個乳房各自待在罩杯裏以減少晃動幅度。

布料：不再有純棉的運動文胸

用純棉布製作的運動文胸現在已經很少了，因為純棉吸汗能力太強，被汗水浸濕後會變得沉重；濕透之後緊貼在身上，既難看，又給運動造成不便。

如果在市場上見到樣子很像運動文胸，可使用的是純棉布料，那麼即使再像運動文胸，它也一定只是借用運動文胸概念製作的普通基礎文胸，不可能是真正的運動文胸。

真正的運動文胸，一定是使用有強吸水功能的人造纖維布料製成，而且還會根據不同運動的出汗量，使用不同吸汗強度的布料。

做工：不能對肌膚造成任何不適感

通常運動文胸都是使用雙層以上布料製作，做工好的會特別注意內側的接縫不會過硬或過厚，貼緊皮膚時不會讓你有異物感。愈是優質的運動文胸愈應該讓你意識不到它的存在，它就好像是你身體的一部分。

如果運動文胸上有拉鏈或扣鈎，應選擇不直接接觸皮膚的那種，以避免引發皮膚敏感或不適。

Q57

為甚麼我們需要根據運動種類選擇運動文胸？

根據你的運動項目及愛好選擇不同強度的運動文胸，是近年來出現的新概念。因為不同的運動項目，比如馬拉松、普拉提或瑜伽，給胸部造成的晃動幅度和方向是不同的。

愈來愈多的運動文胸生產商注意到這一點，開始通過研究運動對身體的影響而研發針對不同運動種類的運動文胸，為愛好運動的女性提供更優質、更細緻的選擇。比如馬拉松，乳房晃動方向是上下；而瑜伽則主要是胸部受到拉伸。

目前為止，市面上常見的運動文胸有三種不同支撐強度：輕度、中度和高度；每種強度再細分為低、中、高三種對胸脯的遮蓋度。支撐度和遮蓋度經過各種排列組合後就能適應多種運動種類。總體說來，支撐度和遮蓋度愈高，適應的運動強度和出汗量也就愈高。

例如：

低支撐度 + 低遮蓋度：適合瑜伽；

低支撐度 + 中遮蓋度：適合一般健身；

中支撐度 + 中遮蓋度：適合一般跑跳；

高支撐度 + 中遮蓋度：適合長跑。

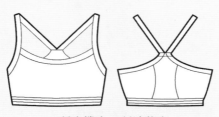

低支撐度 + 低遮蓋度

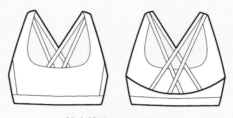

低支撐度 + 中遮蓋度

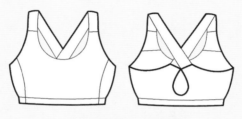

中支撐度 + 中遮蓋度

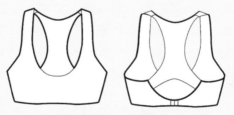

高支撐度 + 中遮蓋度

　　這樣經過細分的運動文胸在價格上肯定比一般運動文胸要高，甚至高很多，不過對身體起到的保護作用不言而喻。我一直認為，購買和我們身體有直接關係的物品時，不要過多地糾結於價格，因為身體本身就是你最大的財富。

關於特殊時期的內衣

Q58

生理期需要穿特殊的文胸嗎？

女性的月經初潮平均在十二歲，停經年齡大概在五十五歲左右。這樣一算，女性一生平均會經歷約五百一十六次月經，每次按六天算，一生有三千多天在經期，約等於八年半。不算不知道，一算嚇一跳，生理期對於女性來說有多重要自不用多言。甚麼樣的內衣能幫我們一起度過這段特殊時期，也變得至關重要。

生理期內，女性的身體會有不同程度的變化，最明顯的反應就是腫脹。因為乳房的腺體與子宮內膜一樣，也會隨着月經週期的變化，而出現經前增生期和經後復原期的變化。很多人發現這一時期除了乳房好像突然變大了，小肚子也會圓鼓鼓；等到生理期一過，才會恢復到之前緊繃繃的樣子。目前還沒有專為生理期設計的文胸，不過這段時間裏，只要選擇面料柔軟、不帶鋼圈、束縛度低的文胸就可以。尺碼應選大半杯，給乳房足夠的放鬆空間。

這段時間不要穿任何調整型內衣，否則其塑身功能會讓身體感受到壓迫，十分不適。

Q59

甚麼是孕婦文胸？為甚麼要穿孕婦文胸？

有人以為孕婦的胸圍變大，只要選擇大尺碼的文胸就可以了，這其實是非常錯誤的。普通的大尺碼文胸並不是根據懷孕這一女性特殊時期的胸脯變化而做的設計，因此無法滿足孕婦對文胸的特殊要求。

孕婦文胸，是根據孕婦的生理變化而專為其設計的文胸。它不應有硬鋼圈，而且透氣性要好，需要有防溢乳墊等。通常這些是普通的大尺碼文胸不會考慮的。

女人從懷孕後到第十六週左右，乳房明顯開始變大，這時候就該考慮穿戴孕婦專用文胸了。

女人從懷孕到分娩，隨着懷孕月數的增加，乳房也跟着不斷變大，大到增加兩個罩杯，給孕婦的脊椎造成較大的負擔。如果孕期不戴文胸或是不及時更換成孕婦文胸，並在孕期的不同階段未能適時更換尺碼合適的文胸，那麼增加的乳房重量將得不到實物支撐，時間久了就會導致乳房下垂、變形。而乳房內的纖維組織一旦被破壞就很難復原。

不穿孕婦文胸還會造成病痛。

乳頭在孕期會變得比較脆弱，對文胸的要求同時提高。如果文胸的罩杯小了，會直接壓迫到乳頭。如果文胸內襯不夠柔軟、透氣，乳頭無法保持乾爽，也可能會加重孕婦的疼痛感。

所以，女人在孕期的不同階段，除了要穿孕婦文胸，還要根據乳房的不斷變化調整文胸的尺碼和材質。

Q60
在孕期的不同階段該如何選擇文胸？

我們可以把孕期分為三個階段。

第一個階段是懷孕初期，即第一至第三個月期間。此時，大部分孕婦的乳房已開始變大，除了些許疼痛，偶爾還會摸到腫塊。另外，乳房表皮正下方會持續出現靜脈曲張，乳頭顏色也會變深。這個時候孕婦的乳房會變得敏感，需要特別的保護，最好選擇專為孕婦設計的無鋼圈全棉文胸。不過由於乳房還沒發生大的變化，所以尺碼上只要穿着稍微寬鬆、自己覺得舒服就可以了。

懷孕中期階段指的是第四至第七個月期間。此時胸部明顯變大，要開始穿戴較大的、能完全包住乳房、不擠壓乳頭，並能有效支撐乳房底部及側面的孕婦專用文胸。這個時期乳房內開始生成乳汁，部分孕婦會溢乳，此時應使用防溢乳墊來吸收溢出的乳汁。為了方便放置和固定乳墊，許多專用的孕婦文胸在罩杯內會裝有袋口及輔助帶。

懷孕晚期是指第八至第十個月期間。原則上，乳房沒有新的變化，只是上圍和下圍都會更大，腫脹感當然也更為嚴重。這個時候乳房的重量會比平常足足重一公斤，給孕婦的脊骨帶來愈來愈大的負擔。此時要選擇特別剪裁的胸圍，如全罩杯設計、寬肩帶和內藏軟鋼圈等，有助加強對胸部的承托力，以減輕脊骨、腹部及胸部的負擔。

特別要説一下，為甚麼這個時候要穿帶有軟鋼圈的文胸呢？因為此時如果文胸下緣沒有支撐，就不能阻止乳房的下垂。但絕對不能使用硬鋼圈，因為硬鋼圈會壓迫到下胸圍，影響乳腺組織

的健康。軟鋼圈文胸既能支撐重量，又舒適健康。

此時文胸的肩帶也要選擇加寬的，以便有足夠的拉力給乳房提供足夠的支撐，也可防止肩部出現緊繃感，很好地分擔胸部重量的壓力。肩帶不可過緊，過緊則可能束縛孕婦的正常活動，所以最好選擇調節度比較大的肩帶。

總之，孕婦在整個懷孕過程中要隨時查看自身乳房的變化，更換最合適的文胸。在整個孕期內，孕婦可能需要更換四至五次內衣的罩杯尺碼。

除此以外，腹部和臀部在懷孕過程中也在不斷增大，所以內褲亦要選擇用高彈力布料製作的生產期用束褲，以加強支持承托胎兒及保護腰背部的力量。材質應該選用含有較高比例的氨綸，既吸汗又透氣，以保持身體的乾爽。

如果覺得內褲穿起來有緊繃、不舒服的感覺，表明這條內褲已經不合身，需要更換新的尺碼。

Q61

孕期選擇文胸應該注意甚麼？

面料要柔軟、透氣

以全棉材質為最佳，特別是內襯的面料要細緻、柔軟，貼身穿着可以減少對乳房的直接刺激，減少對乳頭的摩擦。

孕期女性體內激素發生了改變，體溫會升高，比以前多出汗。棉質與其他材料相比，吸汗、透氣性好，有利於保持乳頭的舒爽。

尺碼要合適

　　文胸的作用在於它能支撐乳房並為其提供保護。只有尺碼合適了，文胸才不會壓迫到乳頭和乳腺，從而避免發炎現象。甚麼是合適的尺碼？兩個標準：一是罩杯的大小能完全貼合胸部，沒有多餘的脂肪漏出；二是下胸圍完全貼近皮膚，不會過緊或過鬆。

肩帶要寬、易調節

　　合適的肩帶能夠減輕對脊椎和胸部的壓迫，寬肩帶顯然支撐力度更強。在試穿時，可以抬起雙手來試試肩帶是否合適，如果它可以緊貼在肩部又不會掉下就可以。

Q62

授乳期應穿怎樣的文胸？

　　女性從授乳開始，就應穿戴專為授乳期設計的哺乳文胸。

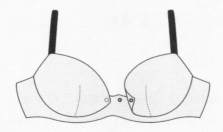

　　所謂哺乳文胸，就是罩杯上有扇窗（即授乳開口），可以隨時打開，方便母親授乳的文胸。同時，哺乳文胸也會考慮到孕期

乳房增重兩倍而造成的下垂問題，通常會有良好的承托力。假如不戴哺乳文胸，開始工作後的媽媽們在走路等乳房晃動厲害的情況下，下垂就會更明顯。

Q63

哺乳文胸有哪些主要特點？

1. 一般有授乳開口設計，解扣方便。母親在授乳時，可以一手抱着寶寶，另一手解開扣子。

依據設計的不同，授乳開口有三種：

全開口式

罩杯僅以活動鈕扣與肩帶銜接，要授乳時毋須將胸罩脫下，只要解開扣子，罩杯即可完全向下掀開，露出整個乳房。

開孔式

在罩杯上開門，掀開這扇門時，只露出乳頭、乳暈及其周圍，有一定隱蔽性。

前扣式

兩罩杯的鈕扣位於中心位置，便於單手解開、繫上，並可直接看見。

前扣式授乳方便，但胸罩底邊無拉力支撐，對於特別豐滿的

乳房更適用。也比較適合居家或睡覺時穿着，可以讓乳房得到放鬆與休息。

2. 罩杯內有方便放置和固定乳墊的袋口及輔助帶。

在產褥期和授乳期，經常會有多餘的乳汁溢出，稱為溢乳問題。隨時放入可更換的乳墊能幫助吸收這些多餘的分泌物，保持乳房舒爽。

因為哺乳文胸需要添加乳墊，所以購買時要考慮留出適當的空間。

Q64

選擇哺乳文胸時應該注意甚麼？

1. 多選用柔軟棉布製成的文胸。

好的哺乳文胸會採用針織棉布製作，而不用人造纖維布料。這是因為人造纖維織品的纖維塵粒有可能進入乳腺導管，阻礙乳汁分泌、排出。所以產婦在選擇時請一定確認棉成分。

細軟的棉布不會頂着或壓迫乳房，也不會對乳頭產生不良刺激。

2. 罩杯的角度應明顯上揚且有深度，應是全罩杯。這樣才能包裹住豐滿的乳房，並給乳房足夠的支撐。

3. 罩杯的底部應有柔軟定形鋼圈，底邊是較寬的 W 形托襯。這樣的設計能夠完全托起豐滿的乳房，並給乳房一個向上的托力，保護增大的乳房不會下垂變形。鋼圈應用純棉織物包裹

製成，以防止磨傷皮膚。

　　對於哺乳文胸是否應有鋼圈一直存在不少爭議。有鋼圈的哺乳文胸能更好地支撐變大的胸部；但是，鋼圈也有可能壓着乳腺管，直接影響授乳。要是乳腺管阻塞，還會引起乳腺炎。

4.　如果罩杯不是帶鋼圈的，罩杯下方的底邊則要夠寬，要用有彈性的面料製成（比如棉加萊卡）。底邊可以稍長，這樣腋下及後背部就不會形成凹溝。

5.　文胸的肩帶方向要上下垂直，而且應盡量寬一些，至少應有兩個手指的寬度，這樣即使是比較豐滿的乳房也不會造成肩部酸痛。

6.　胸罩的顏色最好選擇本白色，因為純白色在染色時有可能加入了漂白劑，太過鮮艷亮麗的顏色有可能加入了染色材料，從而使皮膚產生不適，損害嬰兒的健康。

7.　女性若在公眾場合餵奶，在穿着哺乳文胸的同時如果能搭配其他護理衣服，會讓授乳過程更輕鬆。很多人希望保留授乳的私隱，市場上有專為授乳設計的哺乳巾。

Q65
授乳期結束後應該穿怎樣的內衣？

　　女性在生產後身體有自我調節機制，幫助其恢復至產前的狀態，因此出現新陳代謝加快、出汗和陰道分泌物增多、胸部腫脹和敏感等情況；這時候，如果選擇合適的產後內衣則有助於加快體形的恢復速度。

這種內衣就是調整型內衣。

甚麼時候開始穿調整型內衣比較好呢？授乳期結束，且胸部脹痛感消失時，就是穿起調整型內衣的最佳時間。

適合產後女性的調整型內衣種類有很多，有胸部、腰部塑形的，也有腹部和腿部塑形的，其中調整型文胸是最受女性歡迎的，因為懷孕期間由於支撐乳房的韌帶被拉伸，乳房普遍會有下垂現象，穿上產後塑身專用文胸可以予以適當的矯正。它可以集中托起胸部，修飾胸部線條，使胸部更挺立、豐滿，甚至可以使脂肪移位，重塑美胸曲線。

但對於這種調整型內衣不要過度迷信。說到底，調整型內衣並不能消除多餘的脂肪，而只是轉移脂肪，所以，真正的塑身還是要通過持之以恆的鍛煉方能達到。

穿調整型內衣要特別慎重，不要急於求成，不要長時間穿着過度緊繃的調整型內衣，否則會造成呼吸困難。假如穿着期間有任何不適就應馬上脫下，向醫生諮詢後再決定是否繼續使用。

關於他的內衣

Q66

你會買情侶內衣給另一半嗎？

所謂情侶內衣，就是花色、款式相似或相對的內衣。常見的情侶內衣有情侶內褲和情侶睡衣、情侶家居服等。

情侶內衣是表達愛意的一種浪漫方式，通常由一方買給另外一方。情侶內褲可以增加臥室樂趣，而且當相愛的人看到彼此時，會感受到兩人緊密不分的感情，或是希望在一起的願望。

情侶睡衣和情侶家居服的接受度可能比情侶內褲更高，而且男性也可以大方地買給女性，我們常遇到男性選購情侶家居服的案例。兩個人穿着相配的睡衣或家居服，一起窩在沙發裏看書、看電影，或一起做家務，都會讓彼此感受到二人世界的溫暖和閒適。別小看一件衣服，它所傳達的不僅僅是浪漫的氛圍，還有一種對持久、穩定生活的嚮往。

如果你還沒給自己的另一半買過情侶內衣，請趕緊行動吧！

Q67

你會給他買怎樣的內衣？

「我會給他買內褲，他的內褲都是我買的！」這可能是大多數女性的回答。

根據調查顯示，男人在三十三歲以後自己購買內褲的頻率幾乎為零，因為他們大多數開始進入穩定的關係（婚姻關係或戀愛關係），買內褲的事多半會交給女友或太太。而且女性多半也有這樣的想法，她們會覺得他的內褲由我買，他就是我的。不過作為伴侶的你，在慢慢接手這件事後，是否意識到你的責任其實很大？因為與其說他們後半生內褲的好壞將由你決定，不如說他們生活的如意與否也在你的把握之中。

Q68

如何為他挑選合適的內褲？

根據伴侶的實際情況挑選材質，不要迷信純棉面料。

很多人都認為純棉面料的衣物最好，尤其內衣、內褲，甚至非純棉不買。其實這種做法未必合適。純棉面料柔軟，吸濕性強，但排濕性差，不易乾，對於多汗體質，尤其是長時間駕車的男性來說，容易造成濕疹。不過，現在大部分純棉內褲裏會加 10% 左右的氨綸，也就是彈性纖維，讓內褲穿起來更為貼身、舒適。所以，要根據男性的實際情況挑選內褲的面料。

除了棉與氨綸，還有其他一些材質也比較常見。

尼龍

輕巧柔軟、耐磨高彈、不易變形，既吸濕又速乾，是理想的男士內褲面料。不過，尼龍畢竟是人造纖維材質，請在選購前務必先了解他是否對尼龍有過敏反應。另外，尼龍不宜用 40℃ 以上的熱水洗滌，否則容易喪失彈力。

莫代爾

手感柔軟爽滑，有更強的吸濕排汗能力。缺點是承托力不夠，且容易起毛球。有些男士內褲選擇用棉與莫代爾混紡的材質，再加一定比例的氨綸，就會更為舒適。

竹纖維

原料取自天然生長的竹子，除了纖維細度、乾爽指標、吸濕排汗能力高於普通棉面料外，還有抗菌、除臭等功能。但其光澤度不如莫代爾，且跟莫代爾一樣，承托力一般。

CoolMax®

一種速乾面料，輕薄、透氣，本來多用於運動內衣，可迅速將汗水和濕氣導離皮膚表面，時刻保持乾爽、舒適。由於其纖維中空的特性，冬暖夏涼，是高級男士內褲的首選面料。如果你的伴侶喜愛運動並會在運動時大量出汗，就為他備好幾條 CoolMax® 材質的內褲吧。

　　除了面料外，款式也是需要根據實際需求來考量、選擇的。男式內褲緊身款通常有平角褲和三角褲兩種可選。

　　選擇哪種更合適呢？首先我們要注意到，男式內褲的作用不僅僅是為了遮羞，還有一個重要的作用就是保護睾丸，並且減少大腿與外褲的摩擦，還要防止異味外漏。出於這麼多考慮，平角褲顯然比三角褲更容易受到男性的歡迎。如果你的伴侶是商務人士，經常穿西裝褲，緊身平角褲緊貼大腿以及提臀的設計就更適合他。因為西裝褲面料輕薄而且裁剪平整有形，平角褲的褲筒邊緣可以延伸到大腿，不會在外觀上留下尷尬的內褲痕。如果你的伴侶特別在意內褲痕的話，你也可以為他選擇無痕貼合款。

　　如果你的伴侶熱愛運動或者愛穿牛仔褲，可能會更鍾情於三角內褲，因為它能給大腿更多伸展空間。牛仔褲厚，不易露出裏面的內褲痕，三角褲穿在裏面更加包臀貼身，可以給睾丸很好的保護，也會讓他感覺舒適透氣。另外，夏天外褲比較輕薄，為了美觀和涼爽，最好為你的伴侶備上幾條三角褲。

　　總之，無論選擇哪種緊身內褲，都要注意囊袋部位的立體感是否足夠。囊袋是托住睾丸的設計，防止下垂和與大腿內側相互摩擦，需要通風透氣，也方便如廁。立體感不夠的囊袋會壓迫睾丸，影響血液循環。但也不要過鬆，過鬆的內褲穿在長褲下會顯得十分臃腫。

　　當然還可以為伴侶買睡衣和家居服，我個人認為，這是你更應該為伴侶買的內衣。能想到為伴侶買睡衣和家居服的女性，內心對另一半的愛更體貼，也更無私。

Q69

甚麼是拳擊內褲？

男士內褲裏還有一種不緊身的平角內褲叫拳擊內褲，即英文裏的 "Boxer"，也為眾多男士喜愛。通常用梭織棉製成，因此不緊身。

拳擊內褲有兩種，一種有後中接縫，後褲片是兩片；一種沒有，後褲片是一整片，穿在身上完全不會有臀溝的夾襠現象。沒有後中接縫的，也叫「阿羅褲」，是由美國阿羅內衣公司研發，因此而得名。如果你的伴侶體形偏胖，一定會喜歡阿羅褲。這兩種拳擊內褲都是寬鬆款，購買時，要盡量買修身合身的尺碼，否則如果太過寬鬆的話，布料會在他的長褲下堆起，顯得臃腫。

現在市場上有很多所謂的「人性化」男式內褲設計，比如在關鍵部位進行立體剪裁，能夠與身體貼合得更緊密，又能保證充裕的呼吸空間；襠部使用透氣性能更好的布料做襯，甚至使用通常用於運動內褲、有冰酷感的面料，讓男性的敏感部位涼爽、舒適；或專門針對牛仔褲面料較厚的特點而設計的抗摩擦內褲。這些都在努力對男性生殖器官加以特別保護，而女性為伴侶挑選時，也要更為用心。

CHAPTER

2

穿戴

Q70

今天早上我該穿哪件文胸？

　　雖然現在出現了很多文胸外穿的設計單品和流行現象，但並沒有成為文胸穿戴的主流，文胸基本還是穿在外衣內的。因此，從設計的角度講，傳統上文胸的設計參照物是外衣的領口形狀，以不在領口處暴露文胸為主要規範。這個規範現在仍然適用。

　　依照形狀分類的文胸款式，與外衣領口的對應穿着關係，大致可總結如下：

1. 全罩杯型：適合帶領或不開領口的外衣；

2. 半罩杯型：適合較大領口；

3. 平杯型：適合一字領口；

4. 無肩帶型：適合無肩外衣；

5. 前繫扣型：適合 V 字領口或開胸較低的外衣；

6. V 罩杯型：適合較低的 V 字領口。

Q71

軟杯文胸外穿怎樣避免凸點尷尬？

盡量選擇有插片開口設計的軟杯文胸，需要時插入一副棉墊即可。

小插片大部分用蓬鬆棉製作，選擇上面有均勻打孔的插片，透氣性會更好。洗滌文胸時，記得將棉墊抽出單獨手洗，不要用洗衣機洗。

Q72

日常通勤可以穿運動文胸嗎？

在回答這個問題前，要先分清有功能性的運動文胸與有運動風格的文胸。前者是真正的運動文胸，後者説白了是長得像運動文胸的基礎文胸。

功能性運動文胸的布料成分裏，通常有較高含量的氨綸，氨綸的含量愈高，彈力強度愈大，壓迫感也會愈強。長時間穿戴高強度運動文胸，乳房會因壓迫產生不適感，所以不建議日常穿着強度較高的運動文胸。

而有運動風格的文胸使用的材質其實與基礎文胸差不多，比如棉加氨綸、莫代爾加氨綸等，只是在設計風格上使用了運動元素，但本質還是基礎文胸。這樣的文胸不會造成任何壓迫，是日常通勤的好選擇。

現在的運動文胸不僅僅是為運動而設計的，而是演變成了有運動風格和元素的文胸。

Q73

高強度的運動文胸穿戴十分困難，該怎麼辦？

高強度的運動文胸是為了特定的高強度運動項目設計的，比如劇烈跑步、強力健身等。為了給胸部足夠的支撐，文胸通常會使用超高氨綸含量的材質，效果就是非常緊繃。因為某些高強度運動會讓文胸接觸到地面，比如在地上翻滾、背部着地等動作，這類文胸都不在底圍設計背鈎開口，為穿戴造成了極大的困難。

甚至有人抱怨説，穿一次這種高強度的運動文胸，手臂幾乎抽筋，心臟幾乎驟停。雖然不免誇張，但的確説出了很多人的心聲。

現在已經有愈來愈多的設計師和生產廠商注意到這個問題，在區別運動強度的同時，也為強度沒有那麼大的運動文胸設計了各種開口，讓穿戴盡可能方便。而且，近兩年生產廠商也為市場提供了一種非常適合運動文胸的調節帶，即使背部着地，也不會太頂着背部，讓開口更為美觀，也更為實用。

不過，如果你做的是高強度運動，就必須選擇高強度運動文胸，穿戴時的困難就只好忍受一下了。

Q74

文胸可以外穿嗎？

「文胸外穿」現已成為一種時尚潮流，我們看到很多明星都有過示範。

內衣外穿的風潮始於胸衣外穿，但凡對胸衣歷史有點了解的人，可能都知道二十世紀九十年代麥當娜那場《金髮雄心世界巡迴演唱會》（*Blond Ambition World Tour*）。那場演出給世界留下了深刻的印象，除了她的舞台表現，還有幾款特別的胸衣演出服，它們甚至比她唱了甚麼更為人津津樂道。

為她設計這些演出服裝的是法國設計師尚－保羅·高緹耶，在麥當娜演唱會後，他接連推出了更為誇張的幾款外穿胸衣，比如將胸部做成尖銳無比的錐形，成了名符其實的「胸器」；胯骨被更戲劇化地強調，骨盆被超現實放大。

自胸衣開始被外穿以後，文胸也漸漸有了外穿趨勢，只不過遊戲的成分比較大。

以紐約生活為背景的情景喜劇《宋飛正傳》（*Seinfeld*），在一九九六年初播出的一集〈球僮〉（*The Caddy*），副線故事講的是糖果公司女繼承人蘇，仗着自己胸部曲線優美，無論穿多輕、多薄的外衣都從不穿文胸打底。女主角伊萊恩是她的中學同學，在街頭偶遇後對她嫉妒不已，她在蘇生日時惡作劇地送上一件式樣傳統的全罩杯白色棉布文胸。不料，蘇又開始在光天化日之下只穿文胸不穿外衣招搖過市，並吸引了更多的男性目光。男主角克萊默正好開車經過，因為一直盯着她看而釀成車禍。這讓人由衷地佩服《宋飛正傳》的兩位男性編劇對「內衣外穿」這一時尚熱點的敏感，他們在影視作品裏將「內衣外穿」表現得如此生動。

　　不過，敢在大街上只穿傳統文胸的人並不多。畢竟胸是最重要的女性特徵之一，暴露得像蘇那樣難免有影響社會秩序之嫌。同時，自信乳房長得完美的人總是少數，畢竟大多數人買文胸的目的是為遮掩，而非暴露。

　　因此，現在最多被外穿的文胸是運動文胸。很多人喜歡運動文胸的大膽配色、遮蓋度高，又有特別的支撐力。因此，穿上運動文胸，再穿一件薄外套就走上街頭的人愈來愈多。

　　而一般傳統樣式的文胸被穿出來時，常常會穿在打底衫或緊身毛衣外面，它們更像是一種配飾，總是帶點時尚的遊戲性，合不合身也全無所謂。不過搭配得當的話，確實能穿出特別的美感。

Q75

夏季需要穿打底文胸嗎？

　　夏季因為穿 T 恤較多，需要一件特別好的 T 恤式文胸。

　　所謂 T 恤式文胸，是一種無縫模杯式文胸，被認為是穿在 T 恤、針織衫和緊身衣下最理想的文胸款式。

　　T 恤式文胸通常使用平滑的面料，線條簡潔、流暢，沒有任何多餘的裝飾，因此在類似 T 恤這樣輕薄的外衣下也不會顯露文胸的痕跡。

Q76

冬季將文胸穿在長袖打底衫外面好嗎？

　　冬季寒冷又沒有暖氣的地方，很多女生喜歡把文胸套在長袖打底衫外面，睡前脫掉文胸就可以直接鑽進被窩；起床在外面套上文胸，可以避免身體直接接觸冷空氣。總之就是打底衫不離身。這些都是媽媽親身試驗、口耳相傳的保暖秘笈。但文胸穿戴的基本準則是「貼身合身」，如果隔着一層打底衫，文胸就無法完全貼合胸脯，從而起到承托作用。

　　當然也有些女性選擇大冬天不穿文胸，不過 B 罩杯以上還是穿比較好，可以避免「真空狀態」下胸部走樣和下垂的情況。

Q77

穿露背裝應該穿甚麼文胸？

　　有專門給露背裝設計的文胸，叫「無後背式」。

　　這種款式在市場上不常見，因為它一般只適合在非常特殊的外衣下穿着。比如上圖的這款露背文胸就是為大露背長裙設計的。

　　沒有側比、後背和肩帶的矽膠式隱形文胸，也十分適合露背裝。

Q78
文胸有哪些肩帶的變化？如何與外衣搭配？

無肩帶式

沒有肩帶或附帶有可裝卸的活動式肩帶的文胸，通常罩杯背面上下兩端塗有矽樹脂或橡膠條，以防止文胸在不使用肩帶時往下滑落。

3/4 罩杯文胸經常被處理成無肩帶式。無肩帶式文胸適合無領禮服。

雖然無肩帶式文胸有小尺碼，但是胸部過小穿戴這款文胸的話容易下滑。所以，小胸女性在穿戴這款文胸時，最好還是使用肩帶，以免造成尷尬。

活動肩帶式

肩帶與圍度的前後片都用九字扣相連，可以隨意拆卸，也可以隨意變化肩帶的形式以適應不同外衣領口的需要。這一款最適合旅行出差，帶這一件便足以應付不同場合、不同外衣形式的需要。比如後背交叉式、掛脖式、單肩式等。

肩帶可變化的方式如下圖：

① **正常後背**；

② **肩帶後背交叉式**：適合露出肩胛骨式背心和外衣；

③ **無肩帶式**：適合穿在露肩外衣下；

④ **單肩式**：適合穿單肩式外衣；

⑤ **吊帶式**：肩帶從脖頸後繞過，可以讓肩膀和後背上部看不見文胸吊帶。適合吊帶外衣；

⑥ **低背式**：繫扣在後背較低、接近腰部的位置。適合在露背外衣下穿，也可以拿掉肩帶。

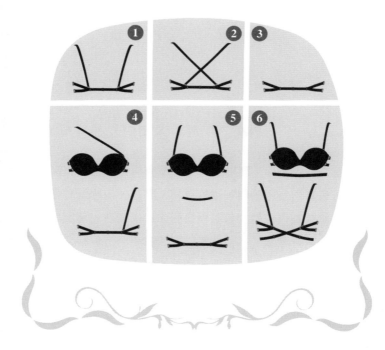

T 字後背式

現在市場上有些文胸的肩帶滑環或八字扣設計成帶鈎扣式，如此一來，雖然肩帶是普通的肩帶，但將滑環上的鈎扣鈎在一起，就可以使肩帶在後背向中間集中，造成 T 字後背式效果。這樣的鈎扣式可以防止肩帶下滑，對肩部較窄或溜肩女性特別適用。這也是夏天的必備款式，最適合搭配無袖上衣和背心。

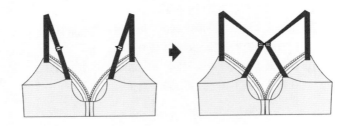

Q79

你的內衣櫥裏有矽膠文胸嗎？你知道怎樣穿嗎？

矽膠文胸，也稱「隱形文胸」。沒有肩帶，也沒有側比和後背固定，只有兩個用矽膠製作的罩杯，靠罩杯內層塗有黏膠貼住胸部，因此成為很多場合和衣服搭配的必備內衣。特別是需要穿露肩禮服、露背禮服、吊帶裝或一字領衣裙時，矽膠文胸被認為是必不可少的搭檔，常常需要穿禮服的女明星們對它更是愛不釋手。那麼，矽膠文胸要怎麼穿呢？

第一步，做好穿戴前的準備工作

　　矽膠文胸有其自身的黏力，在使用前，最好先將胸部清潔乾淨，然後用毛巾擦拭，保持乾燥。切勿在胸部殘留水漬，以防脫落！

　　擦乾後不要塗抹任何護膚產品，例如身體乳、爽身粉等，這些物品都會影響矽膠文胸的黏力。

第二步，分清左右杯

　　要穿上矽膠文胸，分清左右杯是首要任務。

　　通常弧度大的為下，弧度小的為上；有黏力的是內側，沒有的是外側。

第三步，一次戴一邊

　　先留意罩杯的下緣位置。穿戴時把罩杯向外翻，將罩杯置於要放的角度，從胸下 1 厘米開始黏貼。

　　C 罩杯以上的女性，可適當上調 1~2 厘米的距離，防止脫落。

　　建議新手朋友們可以照着鏡子找準位置。如果貼不準位置反復撕拉矽膠文胸，會導致其黏力下降，縮短使用壽命。

　　找對位置後，輕輕地用指尖撫平罩杯的邊緣，然後緊按十秒固定，一邊戴好後，再重複同樣的動作戴另一邊。

　　為了讓胸部看起來更圓滿，應將罩杯置於胸部高一點的位置，連接扣向下 45 度，這樣可以更好地襯托出胸部曲線。

第四步，扣上連接扣

　　調整兩邊的位置保持胸形對稱，然後將隱形文胸連接扣扣上就可以了。

Q80

任何人都適合穿矽膠文胸嗎？

當然不是。

至少對於以下幾種人，矽膠文胸並不適合。

1. 乳房下垂。矽膠文胸能夠讓胸部聚攏，但不能夠讓下垂的胸部回復到原本位置，所以建議有此煩惱的朋友最好不要穿戴矽膠文胸。

2. 乳房有皮膚破損、皮膚容易過敏的人。矽膠文胸透氣性能差，長期穿戴會刺激胸部，令胸部產生痕癢等不適。

3. 授乳期女性。原因同上。

4. 經常出汗的女性。汗液會影響矽膠文胸的黏力，甚至令其突然脫落。因此，出汗多，特別是更年期頻繁出汗的女性，在正式場合不宜穿戴矽膠文胸。

Q81

可以長時間穿戴矽膠文胸嗎？

不可以。

專家建議一天內穿戴矽膠文胸的時間不要超過六小時。

因為矽膠文胸不透氣，穿戴時間過長，汗液無法乾透，很容易使皮膚出現痕癢紅腫等情況。而汗液落在矽膠文胸上，會影響矽膠文胸的黏力，甚至會造成矽膠文胸滑落的尷尬。

天氣太熱時也不宜長時間穿着矽膠文胸。

事實上，最需要穿矽膠文胸的季節是夏季，可在高溫條件下，人們更容易出汗並感到悶熱，更不用說穿戴不透氣的矽膠文胸了。

Q82
一整天都待在家，要穿文胸嗎？

穿文胸的目的不是給別人看的，而是為保護自己的胸部。因此，即使白天一整天待在家裏，也建議穿上。

不過，因為沒有露點之虞，可以選擇相當舒適的款式，能給胸部足夠的承托力，同時又讓自己感覺自在即可。

如果在家裏做運動，還是需要換上運動文胸。

Q83
回到家，甚麼時候脫掉文胸？

可以在換上家居服的時候，把文胸脫掉。

如果不馬上進入臥室，而是會在家裏的公共區域，比如客廳、廚房逗留，而你又不想穿文胸的話，建議你可以換上相對寬鬆的家居式文胸。這種文胸不帶鋼圈，也不用超厚海綿墊，只是能給乳房一定的支撐。

也可以穿上帶有文胸的背心。這種背心在表面看不到文胸，卻有文胸的支撐功能。

Q84

睡覺的時候應該脫掉文胸嗎？

如果是普通的基礎文胸，睡覺時最好不要穿。

女性乳房健康專家認為，文胸不能整天穿戴，每天要保證八個小時不戴文胸。那對於一個天天要上班或上學的人來說，這八個小時就只能在睡眠中完成，所以醫生通常會建議睡覺時不要穿戴文胸。

即使不考慮這個八小時理論，晚上睡覺時也不穿戴普通的基礎文胸較好，因為這種文胸多半都會對胸部有束縛感，會影響睡眠時的呼吸順暢和血液流通。

不過，如果一定要穿戴文胸入睡，可以選擇適合夜晚睡覺的「睡眠文胸」或「夜間文胸」。這種文胸與哺乳文胸近似，比較寬鬆，可以讓乳房自由呼吸。

Q85

一個女人應該同時有幾件文胸、內褲輪換着穿？

通常我們建議購買文胸和內褲的比例是 1：3 或者 1：2，就是說買一件文胸應該買兩至三條內褲。如果我們每天更換內褲的話，那麼文胸的更換頻率應該是每兩天或三天更換一次。而且從價格上講，內褲比文胸便宜很多，可以多買些，可以與文胸搭配出不同的風格效果。

　　不過，內衣的根本任務是為外衣服務，所以，如果每天更換外衣的話，可能文胸也需要每天更換。

　　更換頻率不等於洗滌頻率，如果更換下來的文胸暫時毋須洗滌的話，最好放置在通風乾燥處晾曬。

Q86

尺碼不合適的文胸該怎樣處理？

　　如果罩杯不合適，應趕緊放棄。

　　如果只是底圍不合適，可以找裁縫或承擔訂製的工作室加以修改。比如底圍過長，可以將背鈎處剪短，重新上背鈎；如果過短，則可以再加一排背鈎，只是美觀度會打折扣。

Q87

如何選擇與褲子或裙子搭配的內褲顏色？

　　穿白色的褲子或裙子時，一定要穿裸色內褲。很多女性以為白褲下應該穿白色內褲，這是絕對錯誤的，因為白色在白色下會產生強烈的反光，反而會透到外面來。

　　黑色內褲可以搭配黑色及所有深色褲子或裙子下。

　　除不能穿在白色棉質或麻質褲下，白色內褲可以穿在其他任何淺色褲子、裙子下。

　　時尚色是根據當季成衣流行的顏色決定的,通常比外衣的流行色稍淺,目的是為搭配外衣方便。所以,時尚色內褲可以放心穿在時尚色的褲子或裙子下。

Q88

如何選擇與褲子或裙子搭配的內褲款式?

　　市場上的內褲讓人眼花繚亂,怎樣穿才能不在褲子或裙子下顯露出內褲痕,大方又得體呢?

　　掌握下面四個重要的搭配原則,就不會出錯:

1. 低腰褲或裙子,一定要搭配低腰內褲。
2. 迷你裙或短裙,一定要搭配低開腿、可以包裹住大腿根部的平角褲。
3. 夏季裙裝應選擇全棉質地的平角褲。因為棉布吸汗,本身涼爽,不會因為出汗而有黏膩之感。
4. 輕薄、絲質、容易貼身的裙子或褲子,無痕內褲是最好的選擇。

Q89

你會穿丁字褲嗎？

　　大部分女性反映説丁字褲穿起來不舒服，但過去卻是很多女性內衣抽屜裏的必備款式。因為穿緊身褲，尤其是穿彈力強、面料輕薄的緊身褲裙時，特別在某些穿禮服的重要場合，必須搭配丁字褲，否則就無法完全做到沒有內褲痕。雖然自從有了無痕貼合內褲以後，丁字褲的銷量急劇下降，很多人以為再也不用穿丁字褲了，可實際上，無痕內褲再無痕，也無法完全取代丁字褲的作用。

　　然而，由於丁字褲特殊的造型設計，尤其是下部設計成窄帶，很容易勒入女性會陰，與嬌嫩的皮膚產生摩擦，引發局部皮膚充血、紅腫、感染等症狀，從而誘發陰道炎等婦科疾病，因此很多人對丁字褲望而生畏。

　　既需要穿又害怕穿，怎樣才是丁字褲的正確穿法呢？

　　首先盡量不要長時間穿着丁字褲，如果特殊場合必須穿時，可以在丁字褲襠部墊上一個小巧的衛生棉墊，不要讓襠部的窄帶勒入太深。如果局部正好有炎症或經期，就要避免穿丁字褲了。

Q90

旅行的時候，你帶睡衣嗎？

　　出門住酒店時，帶一件自己的睡衣是對個人衛生的保護。酒店即使會高溫洗滌床品，更換也很勤快，但仍會有各種細菌存在。再高級的酒店都會有各種各樣的衛生隱患，這樣的問題近年曝光了很多。女性出門，最穩妥的做法是帶上自己的睡衣，甚至可以帶上自己的拖鞋。

　　另外，熟悉的睡衣會給我們一種回到自己家、躺在自己床上的感覺，更容易放鬆，也能更順利地進入睡眠狀態。

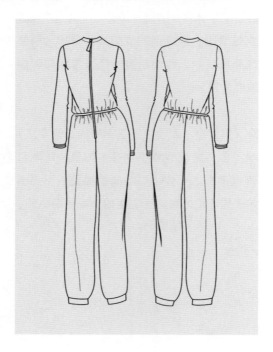

Q91

三天兩夜的旅行或出差，應該帶幾件內衣？

文胸的話，一般情況下帶兩件足矣。一件是基礎文胸，不花俏、光滑面料，選擇基礎顏色黑色或裸色即可。這件文胸最好可以搭配任何外衣。

第二件可以選擇比較時尚的蕾絲款或不光滑面料款，應付一些特殊的社交場合需要。

帶一件肩帶可以調節的文胸也是十分必要的。

女性應該每日更換內褲，所以至少要帶三條內褲。為防止意外發生，最好多帶一條。

旅行時，可以帶便於攜帶的膠囊內褲。膠囊內褲採用輕薄透氣的面料製作而成，分量輕，捲起來精緻小巧，故而得名。

CHAPTER

3

清洗與收納

關於清洗

Q92

新買的內衣，要不要先清洗？

當然是一定要洗。

據一項調查顯示，只有 22.8% 的人會清洗買來的新衣服，這個數字如果也適用於內衣的話，那就太危險了。

雖然內衣是新買的，但在出廠前已經經過多道工人的手，比如布料工、裁剪工、幾道流水線上的縫製工、整形工、包裝工等。而且在生產過程中，如果不小心沾上了機器油污，工廠會用一種錴水槍噴射，把污漬去掉。這個錴水噴槍去污力極強，剛噴上時錴水的味道很重，但等衣服到達消費者手裏時，味道已經淡到你聞不到了。所以，無論如何貼身內衣一定要先洗才能穿上身。

衣服在加工的過程中離不開甲醛，它可以用來除皺、防腐及保色，所以新衣服裏都會殘留甲醛。其實，有甲醛不是甚麼大問題，問題在於量的多少。現在很多工廠都宣稱生產過程符合環保標準，但有些工廠為了減低成本還是有可能過量使用。

買新內衣時可以聞一聞有沒有刺激性的味道，如果有異味，很可能是甲醛超標。雖然規例要求各類服裝衣物的甲醛不得超標，但市場上仍有很多無法達到規定標準的衣服。因此，買內衣時，

一定要查看合格證，盡量選擇正規廠家生產的產品。

那麼，要如何清理新衣服上這些有害物質呢？其實水洗就可以洗掉衣服上的甲醛等大部分有害物質，因為甲醛易溶解於水。新買的衣服如果不是必須乾洗的，都要先下水。在清水中加一勺食鹽也是個不錯的辦法，食鹽有消毒、殺菌、防褪色的作用，也可以加入少量洗衣液清洗。

Q93

內衣應該手洗還是機洗？可以乾洗嗎？

主要看布料的質地。如果是棉，大部分可以機洗。如果是絲綢，請務必手洗。

小件內衣，比如文胸、內褲比較「脆弱」，放在洗衣機裏洗很容易變形，最好手洗，並選用溫和的洗衣液，一定要用清水漂洗乾淨。

大部分的內衣都不需要乾洗，但有些用珍貴材質製成的家居服，比如羊毛、綢緞睡袍、加絨睡衣等可能會標有乾洗標誌，請務必乾洗。不過大部分乾洗行業目前還無法做到乾洗劑無毒化，雖然衣物上殘留的乾洗劑對消費者的健康並不構成太大威脅，但乾洗後的衣物取回後，應該放置在通風處兩三天。

內衣上的主要污垢是皮膚的分泌物，如皮脂、汗漬等，內褲上或許會有血漬。內衣專用肥皂或洗衣液，採用含酶配方體系，PH 值中性，不含磷、鋁成分，對人體皮膚刺激更小；更能有效去

除包括血漬在內的各種污漬；還有柔順功效，使內衣洗後乾淨、柔軟。

　　除非在衣服的水洗標上有特殊要求，大部分睡衣、家居服是不需要乾洗的，都可以水洗。如果是絲綢質地，則應手洗。

Q94

如何清洗文胸？

1.　一般情況下應手洗。

　　應以「輕按」的方式手洗。文胸不能過分擠壓，以免弄皺變形，破壞面料纖維。特別是帶有鋼圈的文胸，不要用力擰。

2.　清洗時最好用 30℃左右溫水，配合一般的中性洗衣液或內衣專用洗衣液。

3.　使用洗衣液要適量，過多的洗衣液會殘留在面料上，很難沖洗乾淨。

　　應先將洗衣液溶於 30℃ ~40℃的溫水中，待完全溶解後，放入文胸。洗衣液不能直接倒在文胸上，否則可能導致文胸顏色不均。

4.　千萬不要使用漂白劑，含氯的漂白劑會損壞質料並使其變黃。

5.　特別髒的地方不要用小刷子刷，而要用內衣自身互相摩擦，即可去除污漬。

　　如果文胸的水洗標上沒有特別注明必須手洗，一般情況下可以機洗，但應放入內衣洗衣袋裏。機洗文胸要選擇輕柔檔，時間

不要過長，三到五分鐘即可，並且務必使用冷水。因為文胸是用精緻的面料和橡筋製作而成的，也常常會有蕾絲等裝飾材料，不同材質染色手段和處理方式都會不同，使用高溫熱水有可能導致變色或染色，或者改變色澤亮度。

鋼圈文胸不建議機洗，尤其是硬鋼圈，還是以手洗為宜。因為機洗極易使鋼圈變形，讓文胸壽命大打折扣。一般有鋼圈文胸可以穿一年不變形，但如果長期機洗，半年後多半就不能再穿了。

如果實在太懶，軟鋼圈文胸可以機洗，但需要將有鋼圈和無鋼圈的文胸分開。

機洗後的文胸務必晾乾，切忌用烘乾機烘乾，否則會大大縮短文胸的使用壽命。

文胸上沾了污漬應儘快清洗，時間愈長，污漬滲入纖維組織後會愈難清洗。可隨身攜帶一枝洗淨筆，如果不方便馬上將整件文胸放進水裏清洗，可以儘快用洗淨筆在污漬上處理一下，等回到家時再洗就容易很多。

去除常見污漬有些流傳甚廣的小竅門，但沒有足夠的調查資料證明這些方法百分之百有效。去除污漬最好的辦法還是在落上污漬的幾秒鐘內進行緊急處理，大部分污漬即可被清除掉。

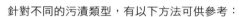

針對不同的污漬類型，有以下方法可供參考：

汗漬： 用米湯水浸泡，稍微搓洗後沖淨；

酒漬： 以冷水浸泡後，用溫肥皂水洗淨；

果汁： 將麵粉撒於污漬上，用清水搓洗；

口紅或粉底： 用酒精或揮發性溶劑去除，再用溫
　　　　　　度適中的洗衣液清洗；

血漬： 用牙刷蘸上稀釋後的洗衣液刷洗。

Q95
清洗內衣前，要確認的清洗標籤有哪些？

內衣常用清洗標籤有以下幾類：

1. 手洗標籤
2. 水溫注意標籤
3. 熨燙標籤
4. 洗衣液的品種規定標籤
5. 洗衣液洗滌溫度標籤
6. 晾乾注意事項標籤

常用清洗標籤如下：

○	dryclean	乾洗
⊗	do not dryclean	不可乾洗
Ⓟ	compatible with any drycleaning methods	可用各種乾洗劑乾洗
△	bleach	可漂白
▲	do not bleach	不可漂白
☐	dry	隨洗隨乾
⊞	hang dry	懸掛晾乾
⊟	dry flat	平放晾乾
▽	line dry	洗滌
⊽	wash with cold water	冷水機洗
⊽	wash with warm water	溫水機洗
⊽	wash with hot water	熱水機洗
⊽	handwash only	只能手洗
⊠	do not wash	不可洗滌

Q96

文胸如何晾乾？

文胸洗好後不要用手擰乾，最好用乾毛巾包裹，用手將水分擠壓出去。待毛巾吸乾水分後，將內衣拉平至原狀，如果是帶罩杯的文胸則要將罩杯形狀整理好平鋪晾乾。

濕的文胸要以杯與杯中間點掛起來，切忌直接將肩帶掛在衣架上，因為水分的重量會把肩帶拉長。

日曬易使衣物褪色，所以應將內衣放在陰涼通風的地方晾乾。

Q97

如何保養全蕾絲文胸？

蕾絲是由 100% 滌綸或一半滌綸一半棉製成的，因此盡量不要放入洗衣機清洗。上等的蕾絲需要手洗或拿到專業的乾洗店處理。

清洗蕾絲的時候要使用質地溫和的肥皂或專門清洗絲織品的洗衣液。

清洗之前，先將毛巾鋪在水池裏，洗後再用毛巾將蕾絲撈起，這樣做可以防止蕾絲意外拉斷。

將濕蕾絲包裹在毛巾裏吸走水分，再把它們平鋪，待自然晾乾。

Q98

如何保養矽膠文胸？

矽膠文胸是常見的女性衣物，它的其中一面塗有黏膠，因此很容易黏上髒物，需要經常清洗。

清洗方法

1. 首先準備好 30℃ ~35℃的溫水，這個溫度的水用來清洗矽膠文胸，既能去除文胸上的污垢，又能保證文胸的形狀和黏力不受影響。

2. 先從一邊罩杯開始清洗，用手托住一隻罩杯放入溫水中，使其變濕，用另一隻手的指腹以畫圓圈的方式輕揉罩杯的正反面。清洗罩杯上的灰塵和污垢，可以單純用清水清洗，也可以使用中性肥皂或沐浴露來清洗，只要保證矽膠文胸上沒有污垢和清潔品殘留物即可。注意清洗時不要用指甲摩擦膠合面，小心劃傷膠質層，影響其黏力。也不要用毛巾清洗，否則會損壞黏膠表面，降低黏附力。

3. 應將矽膠文胸與其他文胸分開洗滌。

4. 不宜機洗。因為機器磨損會使產品變形，縮短使用壽命。

晾曬方法

矽膠文胸在清洗過後，應放在乾燥通風的地方晾曬。

也可用紙巾擦去沒有塗黏膠那一面的水漬，然後掛於衣架上。注意不要用夾子夾住矽膠文胸，以防矽膠文胸變形，最好是將矽膠文胸對摺晾曬。

　　另外，矽膠文胸不宜放在陽光下暴曬，因為這很容易導致矽膠文胸變形。通常放於乾燥通風處晾曬即可。

保存方法

　　等到矽膠文胸曬乾後，即可取下。

　　購買時，通常矽膠文胸上會貼着一層保護膜的，如果這層保護膜還在，可將保護膜重新貼住塗有黏膠那一面，以防止細菌和灰塵，影響其自身黏力；如果不在了，用普通保鮮膜代替即可。貼上保鮮膜後，要擠出裏面的氣泡，放於乾淨的保護盒中，方便下次使用。

　　應避免用毛巾、紙巾或較薄的塑膠袋接觸黏膠面。避免兩個罩杯的黏膠面黏在一起；如果不慎黏在一起，可輕輕地、慢慢地將它們分開。

　　平時不使用時，最好將矽膠文胸單獨放在盒子中保存，以防放在衣櫃中，被衣物壓住，影響其形狀，或沾上不潔之物。

使用壽命

　　矽膠文胸的壽命跟其品質和保養程度有關。品質好的矽膠文胸，可反復穿五十至一百次；而品質差的穿三至五次就沒有黏力了。良好的保養方法能夠延長矽膠文胸的壽命，反之，若經常用力揉搓或長期不清洗，則會大大減少矽膠文胸的壽命。

Q99

內褲應該如何清洗？

請務必手洗。因為內褲直接接觸女性最為敏感的部位，只有手洗才能針對性地洗滌襠部，這是機洗做不到的，因此有可能無法完全去除細菌。

其次，要使用內褲專用洗衣液，而且要用弱鹼性的。包裝上一般會標注 PH 值，PH9~10.5 最好，因為中性洗衣液不能有效除菌，酸性的有可能損壞內褲面料。而添加香料成分的洗衣液更不能使用，否則有可能破壞女性自身的酸鹼平衡，引起過敏或炎症。如果沒有專用洗衣液，最好的辦法是用清水加柔和的洗衣液清洗。

內褲清洗乾淨後，一定要及時烘乾或者晾乾。

不同面料的內褲，應採用不同的洗滌方法。比如純棉內褲要深淺顏色分開洗滌，不宜使用熱水，否則可能染色。莫代爾面料容易起毛球，洗滌水溫不宜超過 40℃，且不宜使勁揉搓。

Q100

內褲洗淨後需要暴曬才能穿嗎？

有人說過：內褲不暴曬，就等於白洗！

理由是一條髒的內褲至少帶有 0.1 克糞便，其中含有許多病菌，比如真菌、沙門氏菌、大腸桿菌等。只有暴曬至少三十分鐘，利用陽光中的紫外線殺死這些致病菌，才能達到清潔內褲的效果，

否則洗了也是白洗。

這樣的說法有道理嗎？我們不妨細細研究一下。

首先，上面提到的病菌，只有已經患病的人才會攜帶。例如，股癬疾病患者的內褲上會有真菌，腸炎疾病患者內褲上會有沙門氏菌等。健康的人，用普通的洗衣液就能洗掉大多數病菌；而一些真菌，假如普通的洗衣液很難洗乾淨，那麼紫外線其實也無法殺死它們，而是需要先用消毒劑浸泡後再清洗。

有條件在太陽下曬乾內褲是對的，但「不暴曬就白洗」這個說法未免有點誇張。

正常情況下（沒有炎症的時候），內褲晾乾或烘乾後就可以了。因為病菌大多在潮濕的環境下繁殖，只要內褲保持乾燥，這些病菌就不會有繁殖條件。

Q101
內褲一定要保持乾爽，這是為甚麼？

首先，穿潮濕的內褲很不舒服；其次，長時間穿着潮濕的內褲，極有可能讓女性感染婦科炎症。

如果你已經不幸患上了炎症，陰道的分泌物必然會增多，這時就更要勤換內褲。無論是患上炎症前還是患上炎症後，讓內褲持久處於乾爽狀態都十分重要，因為只有乾爽，才能為女性敏感部位給予健康環境，避免染病或儘快治癒。

為甚麼乾爽環境如此重要？

因為女性尿道口、肛門和陰道的距離很近，內褲穿上不用多

久，就會有細菌出沒，而潮濕環境最有利於黴菌、念珠菌等病菌
的繁殖，它們很有可能在你免疫力下降或陰道環境變化時入侵，
讓你患上惱人的婦科炎症。

　　現在有些內褲生產商開始使用一種有抑菌消毒、快速乾爽功
能的銅離子棉布做內褲襠布，引起很多人的關注。這種襠布對於
在天氣長期潮濕的地方生活的女性來說，簡直就是喜訊；對於易
患婦科炎症的女性來說，更是福音。

Q102

襪子和內褲可以一起洗嗎？

　　很多人會把襪子和內褲一起丟進洗衣機，不過也有不少人認
為襪子很髒，與內褲一起洗容易引起泌尿系統和生殖系統感染。

　　其實問題沒有那麼嚴重。穿過的襪子上主要有汗液、真菌、
老舊角質等，腳上有氣味的人可能還有白癬菌等真菌及一些臭味
代謝物。而女性內褲上會有陰道分泌物，男女內褲上都有可能殘
留有尿液，一條髒內褲還會至少帶有 0.1 克糞便，排泄物中有輪
狀病毒、沙門氏菌及大腸桿菌等。

　　把不乾淨的襪子和內褲一起洗會發生感染嗎？

　　答案是不會，不過正確的洗滌方法非常重要。如果內褲和襪
子一起洗，應使用熱水，加入洗衣液。這樣大多數細菌和致病菌，
會在高溫的環境和洗衣液的揉搓或攪洗下被消滅，最後的漂洗過
程也能帶走大部分微生物。即使有小部分僥倖殘留下來，經過曬
乾或烘乾，沒有相對的潮濕環境，也無法再繼續生長繁殖。假如

這樣還不能徹底消滅細菌，人體還有免疫力，在細菌侵入時也能自我保護。

當然，如果被真菌感染患了足癬，或皮膚敏感且免疫力低下的，就不要把襪子和內褲放在一起洗了，更要與家人的衣物隔離清洗。

Q103

睡衣應該多久清洗一次？

至少一週一次。

英國一項新的調查發現，有 51% 的人認為，沒有必要經常清洗睡衣，因為他們每晚只穿幾個小時。很多人認為自己經常洗澡，睡衣穿幾個星期也沒關係。這樣的想法是非常錯誤的。實際上，在我們洗澡之後、進入睡眠狀態時，人體的新陳代謝還在繼續，皮膚不斷分泌的油脂和汗液會沾到睡衣上。幾個星期不清洗睡衣的話，這些油脂和汗液就會對皮膚產生刺激，有可能導致毛囊炎或出現汗斑。

同時，在我們睡覺時，肉眼看不到的微生物、皮屑也會大量脫落到睡衣上。這些微生物通常沒有甚麼危害，但如果不巧進入某些部位則有可能產生危害。比如，葡萄球菌進入傷口就會引發感染，而大腸桿菌進入泌尿道會導致膀胱炎。此外，微生物可以在人與人之間互相傳播，如果你不經常清洗睡衣，就可能把微生物轉移到其他人身上。如果你的睡衣已經被微生物嚴重感染，即使清洗的時候，細菌也會轉移到其他衣物上，從而傳播給其他人。

這當然都是相對極端的情況，但清洗通常就能清除大多數微生物，因此專家們建議，即使天天洗澡，我們也應該至少一週洗一次睡衣。油性皮膚的人，更換、清洗的頻率可能要更高。

Q104
睡衣應該怎樣清洗？

應用冷水或者 40℃以下的溫水和一般的中性洗衣液或者內衣專用洗衣液，用手輕揉清洗睡衣。洗衣液的量不能太多，否則會殘留在睡衣上。

清洗睡衣時，應該在溫水中放入洗衣液，待其完全溶解後才能將睡衣放進溫水中；洗衣液不要直接與睡衣接觸，避免睡衣褪色或顏色不均。

清洗睡衣時切勿使用漂白劑，因為含氯漂白劑會損害衣物的面料，甚至使睡衣變黃或變色。由於日曬容易使睡衣變質、變黃，影響它的使用壽命，所以清洗完的睡衣應該放在陰涼處晾乾。

Q105

潮濕的地方，睡衣上經常出現黴斑怎麼辦？

棉質睡衣

可用幾根綠豆芽，在有黴斑的地方反復揉搓，然後用清水漂洗乾淨，黴點就除掉了。

呢絨睡衣

先把睡衣放在陽光下曬幾個小時，乾燥後將黴點用刷子輕輕刷掉即可。如果是油漬、汗漬引起的發黴，可以用軟毛刷蘸些汽油，在有黴點的地方反復刷洗，然後用乾淨的毛巾反復擦幾遍，放在通風處晾乾即可。

絲綢睡衣

先將絲綢泡在水中用刷子刷洗。如果黴點較多、很重，可以在有黴點的地方塗些 5% 的酒精溶液，反復擦洗幾遍，便能很快除去黴斑。或者用檸檬酸洗滌，後用冷水漂洗。

人造纖維睡衣

可用刷子蘸一些濃肥皂水刷洗，再用溫水沖洗一遍，黴斑即可除掉。

Q106

真絲睡衣應該如何清洗？

先要仔細查看水洗標

真絲品種繁多，清洗前應仔細查看衣物的水洗標。有些真絲品種不宜洗滌，如花軟緞、織錦緞、古香緞、天香絹、金香縐、金絲絨等；有些品種適合乾洗，如立絨、漳絨、喬其紗等；有些可以水洗，洗前先在冷水中浸泡十分鐘左右，浸泡時間不宜過長。洗滌時最好手洗，切忌大力揉搓。如果沒有注明必須手洗，則是可以機洗的絲綢。機洗時要選擇輕柔檔。深顏色一般易掉色。

選用專用洗衣液

絲綢衣料不耐鹼，清洗時應選用中性配方、不含酶的絲綢手洗專用洗衣液或絲毛淨，這些專用洗衣液通常含有柔順成分，保護絲毛纖維不受損傷，洗後衣物不變形，且柔軟、抗靜電。更為專業的洗衣液裏還含有特效增艷成份，令衣物色澤保持鮮艷亮麗。

採用手擠壓洗，忌擰絞

用擠壓的方式去除水分，懸掛陰涼處晾乾或摺半懸掛陰涼晾乾；切勿在陽光下暴曬，不宜烘乾。

關於收納存放

Q107

你有放置內衣的專用抽屜嗎？

內衣，因為體積小、數量多，抽屜是我用過的最合理、最方便的內衣收納容器，所以，請務必為我們的內衣準備好少則兩三個抽屜，多則五六個抽屜。

如果有條件，應該將內衣各個種類分開收納，這就需要一個五屜或七屜櫃，以方便分別放置。

文胸

文胸最好將背扣打開、罩杯朝上放置。一個女人擁有的文胸種類通常肯定不止一種，因此，可以在抽屜裏放上幾個收納盒，按不同種類將文胸分開放置。比如，帶鋼圈的一組，軟罩杯一組，或者在此基礎上再做細分。也應該在這個抽屜留出一個空間，放置與文胸有關的配件，比如可拆卸的棉墊、胸貼、肩帶加寬附帶、防肩帶滑落帶等。

內褲

內褲應該是女性數量最多的內衣種類。可以按款式分類，比

如三角褲、平角褲、T字褲等；可以按材質分類，比如有痕、無痕等；也可以按顏色分類，分為黑色、裸色和其他流行色。

內搭背心

背心是女性必不可少的內衣種類。收納背心最方便的辦法是按款式分類，比如吊帶、寬肩、半袖等；也可以按長度分類，比如肚臍上、肚臍下、及臀、過臀等。

通常我也會將襯裙放在這個抽屜裏。

睡衣

睡衣體積相對較大，我的辦法是捲起來按照季節分成三個區域放在抽屜裏，一為春夏，二為秋冬，三為特殊單品。捲起來的好處，一是可以很容易找出自己想穿的那一件，二是可以最大化地利用空間。

家居服

與睡衣相同，我也習慣捲起來收納，但不是按照季節，而是分開上裝與下裝即可。

塑身衣

塑身衣的種類較為複雜，最好的辦法也是用隔板隔開放置。

Q108

文胸穿多久後可以被扔掉？

文胸在穿戴一定時間後，明裏或暗裏使用的橡筋、彈力繩的彈力都會變得鬆垮，品質好的可能鬆得慢點。

通常文胸在連續穿戴三個月以後，就應該考慮更換了。如果在這個期限之前出現橡筋變軟、筋線斷裂等問題，就應及時果斷放棄。

Q109

內褲穿多久後可以被扔掉？

判斷是否該扔掉內褲的依據不應該是時間，而是內褲的實際狀況。

無論多麼喜歡一件內褲，如果它出現破損，橡筋斷開或彈性布料鬆垮，褲腰鬆垮，吸濕效果和透氣度都變差，襠布發黃再也洗不乾淨，或者整體褪色等以上任何一種情況，都應該及時放棄。尤其是純棉內褲，因為棉的回彈能力低，很容易發生鬆垮現象，更換的頻率應該更高。

內褲穿得久了，即使每天清洗、晾曬，也不能完全殺死細菌，而且還會發黃、發硬。尤其是女性，陰道分泌物中的蛋白質成分，很容易成為細菌滋生的溫床，更容易引起婦科疾病。因此一般來說，經常替換的內褲，最好是在穿過半年後就扔掉。

Q110
真絲內衣應該如何存放？

小件的內衣，如文胸、內褲等，宜放入抽屜存放；大件的內衣，如睡衣，可懸掛存放。

存放衣物的箱、櫃要保持清潔、乾燥，盡量密封好，防止灰塵污染；不要噴灑除臭劑或香水，不要放置樟腦丸。保存真絲服裝，無論是文胸、內褲，還是睡衣、家居服，都先要清洗乾淨，晾曬或熨乾後再收納。

在潮濕的地區，如果絲綢衣服未經洗淨或熨平就存放起來，容易出現黴點、蟲蛀。經過熨燙，可以起到殺菌滅蟲的作用。

熨燙前，將衣物晾至七八成乾再均勻地噴上清水，待三至五分鐘後再燙，熨燙溫度應控制在 130℃ ~140℃之間，熨斗不宜直接按觸綢面，應該在上面加蓋一層濕布再燙，以防高溫使絲綢變脆，甚至燒焦。

CHAPTER

4

身體護理

Q111

你在意胸部的護理嗎？

女性的乳房通常被認為是女性身體最美的部分，也被認為是最容易注意到的女性特徵，而且承載着哺育下一代的使命。女人們關注自己的乳房，可是對它們的了解卻並不如想像的多，很多女性甚至不知道胸部是需要護理的，更不用説應該如何護理它們。

關於乳房，我們聽説最多的可能都跟疾病有關。由於生活和工作壓力的不斷增加，許多女性易怒、精神壓抑，導致乳腺增生、乳腺炎等疾病，尤其是乳腺癌，目前其發病率已是女性惡性腫瘤的第一位。即使如此，很多女性對它的關心還是不夠，以為穿對文胸就已經足夠了。由於生活和工作的節奏緊張，可能也根本無暇顧及如何保養它們。

Q112

理想的乳房應該是甚麼樣的？

一般專家們認為理想的女性乳房應該豐滿、匀稱、柔韌而富有彈性。乳房位於胸大肌上，通常是從第二肋骨延伸到第六肋骨的範圍。兩乳頭間的間隔大於 20 厘米，乳房基底面直徑為 10~20 厘米，乳軸（從基底面到乳頭高度）為 5~6 厘米，左右乳房大小基本一樣。形狀挺拔，呈半球形。

但這樣理想的乳房不是每個女性天生就能擁有的，許多人要

靠後天努力才能接近理想的狀態。保養護理得愈恰當、愈及時，與理想的距離就愈近。這也是我們需要護理乳房的原因。

Q113

甚麼是胸部護理？

如果我們去美容院，可能經常會碰到美容師向我們推薦美胸項目。所謂美胸，其實就是通過胸部按摩，以達到豐胸或保持乳房堅挺的效果。

按摩的確是最直接的保養胸部的方法。

在按摩過程中，美容師會沿乳房輪廓由下往上、由外往內推擠乳房，刺激其末梢神經系統；也會輕輕拍打腋下淋巴部位，以促進血液循環，加快新陳代謝，幫助乳腺更通暢。在此過程中，按摩師通常會使用專門用於乳房按摩的乳液或精油，幫助放鬆。有些美容院還會使用專業儀器對乳房進行按摩，以起到活血化瘀的作用。

其實這樣的按摩我們自己在家裏也可以經常進行，比如每天早上起床後和晚上臨睡前，仰臥在床上時，就可以花上幾分鐘，在乳房周圍有節奏地自我旋轉按摩，先順時針方向，再逆時針方向，直到乳房皮膚微紅、微熱為止，最後提拉乳頭數次。這樣的按摩能刺激整個乳房，包括乳腺管、脂肪組織、結締組織等。

長期堅持正確的按摩是促進乳房健美的有效方法，不過按摩一定要適當，不要用力過猛，否則就不是保養而是傷害了。

Q114

乳腺增生應該注意甚麼？

　　乳腺增生既不屬於炎症也不屬於腫瘤，它是女性乳腺正常結構紊亂而形成的乳房疾病，主要指女性纖維組織和乳腺上皮增生。

　　並沒有研究表明，鋼圈是導致乳腺增生的原因。有鋼圈的文胸不是造成任何女性疾病的原因。但鋼圈的確會壓迫乳房，如果尺碼選擇不當就會讓人感覺強烈不適，而我們知道世界上有相當高比例的女性穿的是不合適的文胸。所以，對於有乳腺增生的人來說，還是選擇沒有鋼圈的文胸為好，要選擇相對寬鬆的文胸，以保證良好的局部微循環。

　　不過，值得注意的是，女性完全不穿文胸也並不可取，一旦乳房失去合適的支撐和保護，特別是胸部豐滿或超重的女性如果任由乳房長期下垂，會影響血液和淋巴液的循環，反而可能成為乳腺增生的誘發因素。

Q115

哪些運動鍛煉可以加強對胸部的保養？

　　美觀不是胸部保養的唯一目的，按摩也不是讓乳房堅挺的唯一方法，讓乳房既美觀又健康才是我們最終要達到的目標。

　　有兩個特別好的練習可以經常做：長時間持續的擴胸運動，是第一個既簡單易實行又很有效的保養方法。兩臂或兩肘平展，盡力向後擴張；然後兩臂上舉，掌心向前，用力向後壓。胸部在不斷擴張中能促進血液循環。久坐的人，經常做這個動作能迅速舒展胸腔，讓身體充滿新活力。第二個動作是將雙手併攏靠在一起，將手肘盡量往上抬高，雙手間不留空隙，重複十至十五次，這個動作能強化胸部肌肉。

　　雖然乳房組織並無肌肉，不能通過鍛煉使之增大，但鍛煉可增強乳房下面的胸肌，只有有了發達結實的胸部肌肉，乳房才有隆起的空間。為加強胸部肌肉的鍛煉，就要堅持做一些有強度的運動項目，比如掌上壓、單槓引體上升、雙槓雙臂屈伸等。游泳對年輕女性來說更是理想的豐胸運動，因為水對胸部的壓力不僅能使呼吸肌得到鍛煉，胸肌也會格外發達，而且游泳還有利於腹肌、腰肌的鍛煉。不過，人到中年以後，如果你還想保持一副單薄的身板、不希望自己太厚實的話，就盡量不要長時間游泳。

Q116

不同年齡階段應該如何對乳房進行不同的護理？

　　女人的一生大多要經歷發育、生育、更年期等從成長到衰退的生理變化，而乳房是這個過程最直接的反映。因此在女性不同的人生階段，乳房會有不同的狀態，對它們的保健護理就要分別對待。

青春期的乳房護理

　　這一時期正是乳房的發育階段，保健以能夠給予其發育空間為主。

　　不要刻意束胸。大多數女孩子在十六歲時進入乳房定型期，這時候就應該選佩戴合適的文胸。文胸不能過緊、過窄，否則容易引起發育過程中的不良習慣，導致乳頭回縮等不良反應；要隨時注意乳房的發育情況，及時更換合適的型號。

　　更要避免外力（特別是較重的外力）碰撞和擠壓乳房，以防乳房及其周圍組織受傷。

成年後的乳房護理

　　塑造良好胸形是這個階段保養和護理的重點。

　　大多數未婚女性每次月經前後都會出現乳房脹痛或乳頭脹癢疼痛的症狀，乳房在這個時候不僅敏感，而且也在迅速成長。這一階段要花些時間進行針對胸部的運動項目，比如掌上壓，可以練就結實的胸肌；也應該堅持做正確的胸部按摩，緩解胸部不適的同時塑造美麗的胸形，讓其高聳而堅挺。這個階段是女性乳房

發育的最後階段，這個階段結束後，你的罩杯尺碼就基本定型了，因此一定不要錯過這個最佳的豐胸時機。

這時候可以開始穿有固形功能的文胸，比如鋼圈文胸和聚攏文胸，以防止乳房在迅速成長中下垂、外擴等。

授乳期的乳房護理

做母親的過程，不同的女性會有不同的反應，但孕期及產後的授乳期、恢復期，對所有女性的乳房來説是一場相同的挑戰。這期間乳房很容易受損和感染，常見問題有泌乳期腺瘤、纖維腺瘤、脂肪瘤、纖維囊腫變化、乳汁囊腫等。授乳期結束後，已經增大一倍的乳房也會明顯縮小。

堅持母乳餵養本身就有保健作用。有的女性在懷孕之前患有乳腺小結、乳頭發育不良（如乳頭短、乳頭伸縮性差等），很多人在堅持較長時間的母乳餵養後得到了改善。

這個時期胸部護理的重點，轉變為防止由於乳房突然變小而造成的下垂加重等現象，除了要繼續堅持對乳房進行按摩護理外，選戴一個能托住整個乳房的文胸也變得特別重要。還要注意飲食，不要營養過剩，不要乳汁過多剩餘，要特別注意乳房衛生，防止發生感染。

授乳期過後，女性就要開始養成每年定期檢查乳房的習慣，拍攝乳腺 X 光以篩查乳腺疾病，早發現早治療。

更年期的乳房保健

女性的更年期大部分發生在四十五至五十五歲之間。這時候卵巢功能退化，乳房開始萎縮，腺體進入平靜期。不過，四十五

歲以後是乳腺癌等乳房疾病的高發期，因此，此階段對乳房的護理要以疏通保健為重點，並增強防癌意識。

更年期的女性，由於體內雌性激素在下降，乳房會發生諸如體積變小、鬆軟下垂等現象。這時，仍然應該堅持每月一次的乳房自我檢查以及每年一次的 X 光篩查。如果這個階段突然出現乳房變大、皮膚低凹、乳頭變平或凹陷、乳房皮膚潰爛或變紅、乳頭流出異樣分泌物等現象，就一定要儘快求醫，因為這些都可能是乳腺癌的早期症狀。

老年期的乳房保健

女性在停經之後就正式進入老年期了，乳房萎縮喪失美感，腺體也進入老年期，此階段對乳房的保養要以舒適保健為重點。

此時不需要選擇有鋼圈或超厚海綿墊的文胸，輕薄的模杯式文胸既能托住下垂的乳房又能避免暴露乳房萎縮的情況，更重要的是它不會阻礙乳房經脈，影響腺體正常運行。另外，保持年輕、樂觀的心態在此時尤為重要。

Q117

如何處理多餘的體毛？

冬天還好，一到夏天，肯定有不少女生就要為身上較多的體毛感到煩惱了。

令人煩惱的體毛常表現在四肢和腋下，穿露胳膊或露腿的衣服時會顯得不美觀。也有私處體毛多的現象，不過大多數女性對此並不在意，因為它是極其普遍和正常。

造成體毛多的原因多半是女性體內的雄性激素過高。正常的大概只有 40ng/DL，如果高於此，甚至達到男性的水平（600~900ng/DL），就會出現體毛旺盛的情況。

如果是由於家族遺傳因素造成的天生體毛較多，倒也不用為此擔心或在意，這是一種正常的「返祖」現象，由決定體毛基因的常染色體引起，對身體沒有傷害。不過，如果是由後天性因素造成的體毛多，比如女性體內雄性激素增多，或雌性激素和雄性激素的比例失調等，就要加以小心，儘快檢查一下是甚麼原因造成的。

平時對皮膚和毛髮的護理要得當，不要過於頻繁地拔毛、脫毛或者用不當手段拔毛、脫毛，否則，反而會引起多毛。

如果對此真的特別在意，不把毛脫乾淨絕不罷休，那要選擇秋冬季節，可以避免夏季日曬、出汗多引起的色素沉澱等問題。另外可以選擇鐳射脫毛，這種治療通常需要三至五次才能達到持久效果，四至六個月毛髮才可能被完全清除乾淨不再生長。那麼秋冬脫毛，正好在春夏季時能露出光滑的皮膚。

Q118

甚麼是「比堅尼脫毛術」？

如果你正計劃要去海邊，而且要穿比堅尼游泳或曬日光浴，那我建議你在去之前先去正規的整形醫院，做一個「比堅尼脫毛」的項目。

通常我們穿的三角內褲，其前片 V 字形邊緣被稱為「比堅尼線」。有些天生毛髮茂盛的女性會有毛髮從這條線的邊緣露出，讓人感覺不雅或尷尬。而「比堅尼脫毛術」能夠將腹股溝處的毛髮剃成小於比堅尼線的形狀。修剪之後，女性就可以避免毛髮外露的尷尬。

有人會自己用剃刀剃或用鑷子拔，這些都是不可取的方法。剃不乾淨不說，再次生長後的毛髮還會發硬，嚴重的還會奇癢難受。

想要有相對長久的脫毛效果，要用蜜蠟脫毛術；而如果想要永久脫毛，則一定要做規範的鐳射脫毛術。鐳射脫毛的過程不複雜也不痛苦，醫生先在脫毛區域塗上冷凝膠，再用鐳射一點點除毛。鐳射做兩遍，第一遍會感到一點針刺式的疼痛；第二遍因為冷凝膠沒有第一遍涼了，灼熱感會稍微加深，但都在可以承受的範圍之內。二十天後需要到整形醫院檢查，直至脫毛區域徹底乾淨。做過鐳射脫毛術的比堅尼區域將永不再長新毛。

比堅尼脫毛術現在儼然已經成為一門藝術，可以將毛髮修出各種不同的形狀。比如心形是相對比較傳統的形狀，還有法式和巴西式等流行款式。

　　法式是將比堅尼線周圍的毛髮剃除乾淨，只保留中間及後面的毛髮。如果你不希望有過於光禿的感覺，那法式是最好的選擇。至於前面毛髮的形狀，窄窄一個長方形是最為經典的，不過你也可以要求剃成任何你喜歡的形狀。

　　巴西式是更熱門的選擇，又分為「百慕大三角形」巴西式和「沙漠島」巴西式。

　　巴西式與法式相同的是，都會剔除比堅尼線周圍的毛髮；不同的是，巴西式同時也會剔除底下和後面所有的毛髮，只保留前面和中間的一塊。如果你想要徹底光滑的感覺，那就選擇巴西式吧。跟法式一樣，你也可以對留下那部分毛髮的形狀提出自己的要求。

　　「沙漠島」巴西式是比「百慕大三角形」更小的三角形，大概在恥骨部位，就像沙漠上的一個小島，故而得名。三角形是巴西式常見形狀，不過也可以是法式的選擇。

　　還有一種「荷里活式」，是將所有毛髮完全剃除。

　　不過，不是所有人都適合比堅尼鐳射脫毛，皮膚過敏患者、局部或全身有炎症、有免疫系統缺陷以及孕婦都屬於不適宜群組。

　　而具體剃成甚麼樣，要看個人審美。不剃，保留自然狀態也沒有任何問題。

Q119

護理臀部有哪些益處？

　　臀部護理是美容護理的項目之一，除了能讓人放鬆身心，還有很強的保養功效。比如：

1. 可以改善痛經、月經不調等女性問題。同時還能改善腸壁的血液循環。

2. 能平衡陰陽，改善睡眠品質，從而消除疲乏、頭暈、煩躁、潮熱等症狀，讓人精神面貌改觀。

3. 幫助排出盆底、腹部、腹股溝多餘的脂肪和毒素。

4. 臀部護理時，如果醫生的手法到位，能修復盆底肌，改善子宮及陰道、韌帶的彈性，收緊陰道，啟動卵巢功能，刺激腺體分泌等，從而提高女性的性能力，讓夫妻更加恩愛。

Q120

如何收藏副乳？

副乳是指人體除了正常的一對乳房之外出現的多餘乳房，一般在腋前或者腋下。有的僅有乳腺，有的僅有乳頭，但也有在腋部可見完整的乳體（乳頭、乳暈、腺體），且較大。副乳增生時會有脹痛感。

不完整副乳，特別是只有乳頭、乳暈而沒有腺體組織者，對身體影響不大。完整性副乳就不一樣了，因其具有和正常乳房一樣的組織構造、生理特性和病理變化，同樣受雌性激素的影響，在月經週期、孕期或授乳期會腫脹疼痛，甚至在授乳期間有少量乳汁分泌。此外，正常乳房可能面臨的疾病，如炎症、增生、腫瘤等，副乳也有同樣風險，而且機率比正常乳腺更高一些。

一般醫生建議用手術的方法消除副乳。但有一些沒有達到手術程度但會影響胸部美觀的副乳，很多女性朋友們則希望女性內衣能夠給予調整和緩解。

聚攏型文胸或胸衣，對於收兩邊的副乳有一定效果。通常，這種文胸是全罩杯的，包容性好；四排背鈎；側比也比一般文胸高，用魚骨片支撐，可以把副乳完全塞入罩杯裏，讓胸部看起來更加美觀。

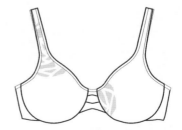

貼身親密
120 個
女生內衣
的秘密

于曉丹 著

責任編輯 柯穎霖
裝幀設計 劉婉婷
排　　版 時　潔
印　　務 劉漢舉

出版
非凡出版
香港北角英皇道 499 號北角工業大廈 1 樓 B
電話：（852）2137 2338
傳真：（852）2713 8202
電子郵件：info@chunghwabook.com.hk
網址：http://www.chunghwabook.com.hk

發行
香港聯合書刊物流有限公司
香港新界荃灣德士古道 220-248 號
荃灣工業中心 16 樓
電話：（852）2150 2100
傳真：（852）2407 3062
電子郵件：info@suplogistics.com.hk

印刷
美雅印刷製本有限公司
香港觀塘榮業街六號海濱工業大廈四樓 A 室

版次
2021 年 4 月初版
©2021 非凡出版

規格
特 16 開（210mm x 148mm）

ISBN
978-988-8758-37-1